CELIANG SHIYAN ZHIDAOSHU

测量实验指导书

□ **主　编**　刘国栋

□ **副主编**　邓明镜　徐金鸿

□ **参　编**　王政霞　李华蓉

□ **主　审**　刘敦侠

重庆大学出版社

内容简介

为配合“普通测量学”和“工程测量学”课程教学，使学生更好地掌握测量学基本理论，提高学生对各种仪器的基本操作技能，加深学生对工程实际问题的理解以及更好地应用所学知识解决实际问题，经土木建筑学院研究决定编写《测量实验指导书》。《测量实验指导书》的编写主要分为3个部分：普通测量学实验指导、工程测量学实验指导以及测量典型习题。实验指导是根据实践教学需要而编排的，适合实际教学需要和满足工程实践需求；测量典型习题主要涵盖坐标正算、坐标反算、坐标系的旋转平移、误差理论的基本计算和地形图的基本应用。该书是学生学好测量基本计算和测量操作技能不可或缺的辅助教材。

图书在版编目(CIP)数据

测量实验指导书/刘国栋主编.—重庆：重庆大学出版社，2010.6(2020.7重印)

ISBN 978-7-5624-4963-8

Ⅰ.①测… Ⅱ.①刘… Ⅲ.①测量学—实验—高等学校—教学参考资料 Ⅳ.①P2-33

中国版本图书馆CIP数据核字(2010)第181552号

测量实验指导书

主　编　刘国栋

副主编　邓明镜　徐金鸿

主　审　刘敦侠

责任编辑：刘颖果　　版式设计：刘颖果

责任校对：邬小梅　　责任印制：赵　晟

*

重庆大学出版社出版发行

出版人：饶帮华

社址：重庆市沙坪坝区大学城西路21号

邮编：401331

电话：(023) 88617190　88617185(中小学)

传真：(023) 88617186　88617166

网址：http://www.cqup.com.cn

邮箱：fxk@cqup.com.cn (营销中心)

全国新华书店经销

重庆共创印务有限公司印刷

*

开本：787mm×1092mm　1/16　印张：10　字数：256千

2010年6月第1版　2020年7月第5次印刷

ISBN 978-7-5624-4963-8　定价：23.00元

前　言

随着我国经济的发展,交通土建工程的建设也日益加快。交通土建工程的基本建设始终离不开测量工作,因此,具有测量知识和较高测量能力的人越来越被建设施工单位所重视。

测量实验、实习是重要的实践教学环节,重庆交通大学测绘工程系的测量与空间信息处理实验室积累了40多年的实践教学经验,具有自身特色的实践教学模式和内容,根据教学内容和教学资料编写出校内实验指导书——“测量学实验指导书”,它是测量学课程建设成果的重要组成部分。

本书是在“测量学实验指导与习题集”的基础上,为了适应开放性实验的需要,便于同学自学并结合现有仪器设备,将普通测量学和工程测量学的实践性教学内容汇编而成。本教材经过教学实践,收到了良好的效果。本书共分为4章,第1章为测量实验、实习须知。第2章为普通测量学实践教学项目,讲述了普通测量学中常见的水准仪、经纬仪的使用、检验和校正,水准测量、角度测量、距离测量等基本测量步骤及数据处理方法,以及经纬仪测绘地形图。新增实践教学内容:全站仪、全球定位系统接收机等仪器的使用,以适应时代发展的需要。第3章为工程测量实践教学项目,根据教学大纲和各专业应掌握的测量内容设置,主要是满足测绘专业的需要,突出我校的路、桥、水等学科特色,主要有全站仪三维坐标放样、道路中边桩、纵横断面的测设、道路综合曲线的测设。第4章为测量理论与实践紧密结合的典型作业,主要是导线坐标计算及导线点的展绘、地形图的应用、单圆曲线计算、缓和曲线计算。

全书由刘国栋任主编并统稿,刘敦侠教授主审。第2章、第4章由刘国栋编写,第1章、第3章、附录由邓明镜、徐金鸿编写,全书图表由王政霞、李华蓉绘制。

本教材在编写过程中得到了刘敦侠、王安东、冯晓、曹智翔、谢远光、徐兮、潘建平、刘煜、李华蓉、潘国兵、倪健、陈述、周祖渊、隗禹久等测绘工程系全体老师的大力支持和帮助,并提出了许多宝贵意见,在此表示衷心的感谢。

由于编者水平有限,书中难免存在疏漏及不妥之处,敬请使用本书的教师和读者批评指正。

编　者

2009年12月

目 录

1　实验须知

1.1　实验须知

1）实验与实习目的及有关要求

①测量实验与实习的目的一方面是为了验证、巩固课堂所学知识；另一方面是熟悉测量仪器的构造和使用方法，培养学生进行测量工作的基本操作技能，使学到的理论与实践紧密结合。

②在实验或实习课前，应复习教材中的有关内容，认真仔细地预习实验或实习指导书，明确目的要求、方法步骤及注意事项，以保证按时完成实验和实习任务中的相应项目。

③实习分小组进行，组长负责组织和协调实习工作，办理仪器、工具的借领和归还手续。每人都必须认真、仔细地操作，培养独立工作能力和严谨的科学态度，同时要发扬协作精神。实验或实习应在规定时间内进行，不得无故缺席或迟到早退，不得擅自改变地点或离开现场。实习或实验过程中或结束时，发现仪器工具有遗失、损坏情况，应立即报告指导老师，同时要查明原因，根据情节轻重，给予适当赔偿和处理。

④实验或实习结束时，应提交书写工整、规范的实验报告和实习记录，经实习指导教师审阅同意后，才可交还仪器工具，结束工作。

2）使用测量仪器、工具的注意事项

以小组为单位到指定地点领取仪器、工具，借领时，应当场清点检查，如有缺损，可以报告

实验室管理员给予补领或更换。

①携带仪器前，注意检查仪器箱是否扣紧、锁好，拉手和背带是否牢固，并注意轻拿轻放。开箱时，应将仪器箱放置平稳。开箱后，记清仪器在箱内安放的位置，以便用后按原样放回。提取仪器时，应双手握住支架或基座轻轻取出，放在三脚架上，保持一手握住仪器，一手拧紧连接螺旋，使仪器与三脚架牢固连接。仪器取出后，应关好仪器箱，严禁箱上坐人。

②不可置仪器于一旁而无人看管。应撑伞，防止仪器日晒雨淋。

③若发现透镜表面有灰尘或其他污物，须用软毛刷和镜头纸轻轻拂去。严禁用手帕、粗布或其他纸张擦拭，以免磨坏镜面。

④各制动螺旋勿拧过紧，以免损伤；各微动螺旋勿旋转至尽头，防止失灵。

⑤近距离搬站，应放松制动螺旋，一手握住三脚架放在肋下，一手托住仪器放置胸前稳步行走。不准将仪器斜扛肩上，以免碰伤仪器。若距离较远，必须装箱搬站。

⑥仪器装箱时，应松开各制动螺旋，按原样放回后试关一次，确认放妥后，再拧紧各制动螺旋，以免仪器在箱内晃动，最后关箱上锁。

⑦水准尺、标杆不准用作担抬工具，以防弯曲变形或折断。

⑧使用钢尺时，应防止扭曲、打结和折断，防止行人踩踏和车辆碾压，以免尺身着水。携尺前进时，应将尺身离地提起，不得在地面上拖行，以防损坏刻划。用完钢尺，应擦净、涂油，以防生锈。

3）记录与计算规则

①实验所得各项数据的记录和计算，必需按记录格式用2H铅笔认真填写。字迹应清楚并随观测随记录。不准先记在草稿纸上，然后誊入记录表中，更不准伪造数据。

观测者读出数字后，记录者应将所记数字复诵一遍，以防听错、记错。

②记录错误时，不准用橡皮擦去，不准在原数字上涂改，应将错误的数字划去并把正确的数字写在原数字的上方。记录成果修改后或观测成果废去后，都应在备注栏说明原因（如测错、记错或超限等）。

③禁止连续更改数字，例如：水准测量中的红、黑面读数；角度测量中的盘左、盘右读数；距离丈量中的往测与返测结果等，均不能同时更改，否则，必须重测。

简单的计算与必要的检核，应在测量现场及时完成，确认无误后方可迁站。

④数据运算应根据所取数字，按“四舍六入，五前单进、双舍”的规则进行数字凑整。

1.2 实验报告的要求及写法

1)课间实验报告的要求及写法

一般测量实验报告由 A4 空白纸张横向撰写,主要格式如下:

①实验目的与摘要:实验最重要的做法与目标简述。

②实验器材:所有的器材与数目详细记录。

③实验步骤或流程图:实验进行的步骤、过程,用自己的方式给予整理叙述,如果有可能,尽量画出流程图(此内容通常在实验指导书上有详细叙述,但是,最好不要照抄,应整理后以简单流程图完整表述)。

④实验记录、数据处理及分析:如实记录实验结果,并加以处理和分析,如果有可能,可以作图表现数据。可以因怀疑实验数据而重做实验,但千万不能为满足实验结果而篡改实验数据,这样就失去实验的意义。

⑤实验问题:对实验过程中产生的问题加以回答。

⑥讨论与改进:每一个实验结果并非完全正确,可能因种种原因而产生误差,写下每一种可能产生误差的原因,并讨论可能改进实验正确性的方式与实验装置。

2)集中实习报告的要求及写法

集中实习报告编写大纲,主要格式如下:

①概述:实习时间与地点;实习意义与目的;组织与分工。

②导线测量:导线布设形式与布设图;观测方法;导线计算成果表。

③水准测量:水准线路布设形式与布设图;观测方法;水准测量计算成果表。

④点位测设:放样点的设计坐标与高程;平面位置和高程放样方法;放样数据。

⑤实习体会与收获:实习中出现的问题及解决方法;收获与体会。

收获与体会的具体要求和写法:每人写一篇 1∶500 地形测图与施工放样全过程的实施方法和体会,2 000 字左右。具体内容包括:

a. 控制测量阶段。控制网形式确定以后,选点注意事项;测角、量边、定方位如何进行;高程测量用哪几种方法;各种测量如何检查误差及用何种方法削弱误差的影响。内业计算中怎样计算坐标,角度闭合差与坐标增量闭合差的计算与处理方法,方位角是如何推算的。

b. 碎部测量阶段。碎部点的选择方法;经纬仪测绘法的施测步骤;立尺、观测、记录、计算、绘图各项工作如何配合协调;怎样绘制地形图尤其是等高线;地形图该如何验收检查。

c. 施工放样阶段。简述将设计图纸上的设计点位测设到地面上的方法步骤。

2 普通测量学实验指导

2.1 普通测量学实验特点

普通测量学是测绘工程、土木工程、水利工程、城市建设、土地管理等专业的专业基础必修课程,是实践性很强的一门课程。通过对普通测量学的学习,对测量学科的基本理论、基本知识有一个比较深入的理解。利用测量知识和仪器工具,解决工程建设施工中的各种测量问题,为以后的实际应用打好基础。

普通测量学实验是巩固和深化理论知识的重要手段,是理论与实践有机结合的重要环节,是培养测量工作者动手能力、严格的实践科学态度和工作作风的训练环节。通过实验,使学习者熟悉各种测量仪器如水准仪、经纬仪、罗盘仪、全站仪的构造和性能,熟练掌握它们的使用方法,具有较强的计算能力和绘图技能,并学会正确识图、用图,能够利用地形图和有关资料进行规划设计、面积量算及其他建设生产。通过实验,努力培养学习者严谨科学的学习态度,提高学习者实际操作技能和分析问题、解决问题的能力,为从事相关工作打下基础。

实验目的主要有两个方面,其一是巩固和加深对理论知识的理解;其二是学习各种测绘仪器的性能和使用方法,解决在各类土木工程建设中需掌握的测绘基本方法和基本技能,培养学习者动手、实践,为学习者从事土木工程勘测、设计、施工、管理奠定基础。

普通测量学实验的基本特点是全部实验均为集体项目,各项实验要分组在室外进行,作业环境差、易受气候等外界因素的影响。普通测量学实验要求学习者具有严肃、认真、求实和团结协作的科学态度,在实验过程中要积极主动严格按照要求进行各项实验,记录的实验数据必须是第一手的原始数据,记录要整洁、准确和全面,每次实验结束要提供实验报告。

普通测量学课程内容主要分为高程测量、角度测量、距离测量、测绘新技术(全站仪和GPS)、测绘地形图及施工放样等知识模块,相应地设置有 17 个普通测量学实验,具体设置如

表2.1。在学习过程中,根据实验设备条件有选择性地进行实践。

表2.1 普通测量学实验项目统计及所属知识模块

所属模块	编　号	实验内容	学时	性质
高程测量	1	DS3 型水准仪的认识和基本操作	2	必做
	2	普通水准测量	2	必做
	3	四等水准测量	2	必做
	4	DS3 型水准仪的检验与校正	2	选做
角度测量	5	DJ6 型光学经纬仪的认识和基本操作	2	必做
	6	测回法测水平角	2	必做
	7	方向观测法测水平角	2	选做
	8	竖直角观测	2	必做
	9	DJ6 型光学经纬仪的检验与校正	2	选做
距离测量	10	钢尺量距	2	选做
	11	罗盘仪测量磁方位角	2	选做
	12	视距法测定平距与高差	2	必做
	13	经纬仪钢尺导线测量	2	选做
全站仪、GPS	14	全站仪的认识和基本操作	2	必做
	15	GPS 认识及基本操作	2	选做
综合应用	16	经纬仪测绘法测绘地形图	2	必做
施工放样	17	施工放样认识及基本操作	2	必做

2.2 普通测量学实验项目

实验1 DS3型水准仪的认识和基本操作

1)目的与要求

①对照仪器,了解DS3水准仪的型号、各部件名称和功能。
②掌握DS3型水准仪的基本操作及读数方法。
③练习一站两点高差测定及高差计算方法。

2)仪器与工具

①DS3型水准仪1台、水准尺1把(或2把)、记录簿1本(可选择)。
②自备:铅笔、草稿纸。

3)实验方法与步骤

(1)指导教师讲解水准仪的构造及操作方法
(2)安置和粗平水准仪
水准仪的安置主要是整平圆水准器,使仪器概略水平。做法是:选好安置位置,将三脚架调整至适当高度。取出仪器,用连接螺旋将其连接在脚架上(注意基座与三脚架相对位置)。先踏实两只脚架尖,移动另一只脚架使圆水准器气泡概略居中,然后转动脚螺旋使气泡居中。

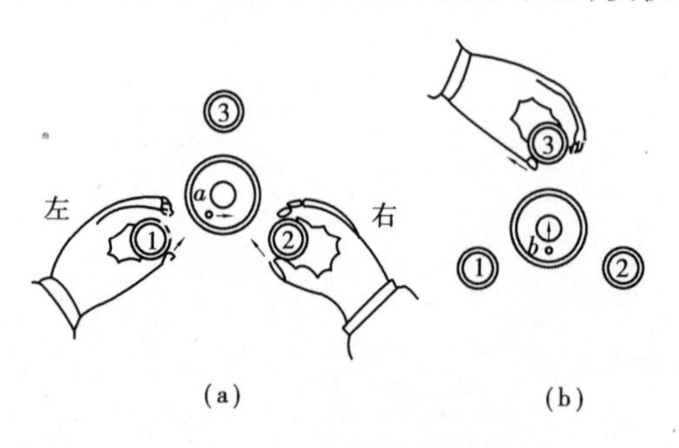

图2.1 脚螺旋移动示意图

转动脚螺旋使气泡居中的操作规律:气泡需要向哪个方向移动,左手就向哪个方向转动脚螺旋。如图2.1所示,气泡偏离在a的位置,首先按箭头所指方向同时转动脚螺旋①和②,使气泡移到b的位置,再按箭头所指方向转动脚螺旋③，使气泡居中。

(3)用望远镜照准水准尺并消除视差

首先用望远镜对照明亮的背景，转动目镜对光螺旋，使十字丝清晰可见。然后松开制动螺旋，转动望远镜，利用镜筒上的准星和照门照准水准尺，旋紧制动螺旋。再转动物镜对光螺旋，使尺像清晰。此时如果眼睛上、下晃动，十字丝交点总是指在标尺物像的一个固定位置，即无视差现象；如果眼睛上、下晃动，十字丝横丝在标尺上错动就是有视差，说明标尺物像没有呈现在十字丝平面上，若有视差将影响读数的准确性，如图 2.2 所示。消除视差时，要仔细进行物镜对光使水准尺看的最清楚，这时如十字丝不清楚或出现重影，再旋转目镜对光螺旋，直至完全消除视差为止，最后利用微动螺旋使十字丝精确照准水准尺。

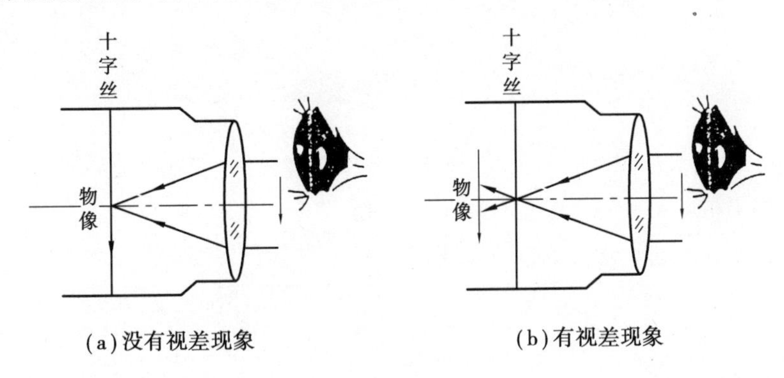

图 2.2　视差现象示意图

(4)精确整平水准仪

转动微倾螺旋使管水准器的水准气泡两端的影像符合，如图 2.3 所示。转动微倾螺旋要稳，慢慢的调节，避免气泡上下不停错动。

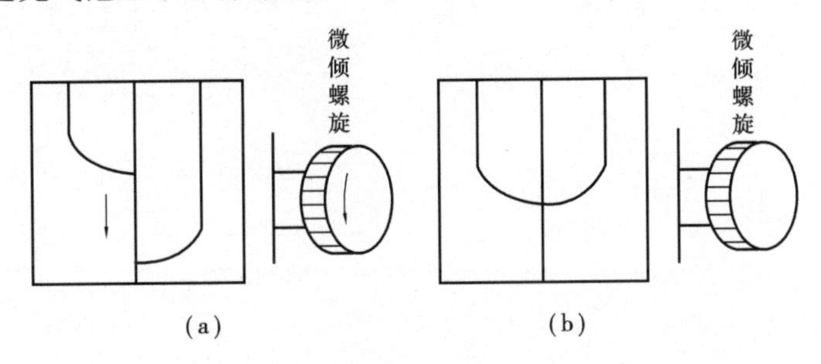

图 2.3　符合水准气泡精平

(5)读数

以十字丝横丝为准读出水准尺上的数值。读数前，要对水准尺的划分、注记分析清楚，找出最小刻划单位，整分米、整厘米的分划及米数的注记。先估读毫米数，再读出米、分米、厘米数。特别注意不要错读单位和发生漏 0 现象。读数后，应立即查看气泡是否仍然符合，否则应重新使气泡符合后再读数。

(6)变仪器高法测两点高差

在相距约 60 m 的 A,B 两点竖立水准尺,约中间位置处安置仪器。粗平,照准 A,读后视 a。然后照准 B,读前视 b。读数力求精确。两点高差 $h'_{AB}=a-b$。将仪器在原地升高(或降低)约 10 cm,重复上述操作,得高差 h''_{AB}。若较差 $h'_{AB}-h''_{AB}$不超过 ±5 mm,则观测合格,否则应重测。

4)注意事项

①在观测过程中,手切勿按扶在架腿上。

②测量时不论用哪只眼睛观测,另一只眼睛尽量不要闭上,更不要用手盖住眼睛。

5)上交资料

每人上交 DS3 型水准仪的认识和基本操作实验报告一份(见表 2.2)。

表 2.2　DS3 型水准仪的认识和基本操作实验报告

日期:　　　　班级:　　　　组别:　　　　姓名:　　　　学号:

实验题目		成　绩	
实验目的			
主要仪器及工具			
1. 在下图引出的标线上标明仪器各部件的名称。			
2. 用箭头表明如何转动 3 只脚螺旋才能使下图所示圆水准气泡居中。 ③ ① ②　　③ ① ②			

续表

3. 消除视差的步骤：

4. 用变仪器高法测两点高差

测 点	后视读数/m	前视读数/m	高 差	备 注

5. 实验总结

自己提出思考题，与同学或老师探讨并定出答案。

编 号	自己所提思考题表述	探讨结果，即启示性答案

实验2 普通水准测量

1）目的与要求

①掌握 DS3 型水准仪的技术操作。

②掌握普通水准测量的实际作业过程。

③施测一闭合水准路线，进行成果处理，计算其闭合差。

④利用观测成果，完成各待定点的高程计算。

2)仪器与工具

①DS3 型水准仪 1 台、水准尺 2 把(或 1 把)、尺垫 2 个。

②自备:计算器、铅笔、小刀、草稿纸。

3)实验方法与步骤

①全组共同施测一条闭合水准路线,其长度以安置 5 或 6 个测站为宜。确定起始点及水准路线的前进方向。人员分工是:一人或两人扶尺,一人记录,一人观测。施测 2 或 3 站后轮换工作。

②在每一站上,观测者安置好仪器,照准后视尺,调焦、消除视差后精平,读取中丝读数,记录员将数据记入表格中。转动望远镜,精平后读取前视中丝读数,记入表格。数据读取 4 位,不写小数点,默认单位为毫米,然后计算本站高差。

③用第②步叙述的方法依次完成本闭合线路的水准测量。

④水准测量记录要特别细心,记录者需对观测者的数据重述一遍,确定无误后再记录,如记错不能用铅笔擦拭,应划掉重写。

⑤观测结束后,立即算出高差闭合差 $f_h = \sum h_i$,如果 $f_h \leqslant f_{h容}$,说明观测成果合格,即可算出各立尺点高程(假定起点高程 500 m)。否则,要进行重测。

4)注意事项

①每站前、后视距尽量等距,相差不超过 10 m。

②转点和测站应避免设在道路中间,以保证安全。

③在坡度较大的地段施测时,前后视距不宜过长,避免标尺读数过大或过小。

④在水准点和各待测高程点上不应放置尺垫,只在转点处放尺垫,也可选择凸出点的坚实地物作转点而不用尺垫。

⑤水准尺应零端朝下竖直扶稳,必须保持铅垂状态,避免水准尺前后倾斜。

⑥记录读数时,应边记边重述所记数据,以免听错或记错。

⑦迁站时,前视转点尺垫不能移动,后视尺必须得到观测者同意后,才往下站前视点转移。

⑧水准测量工作要求全组人员紧密配合,互谅互让,禁止闹意见。

⑨限差要求:水准路线高差闭合差应在其容许值以内。

5)上交资料

①每人上交合格的普通水准测量记录表一份(见表2.3)。
②每人上交普通水准测量实验报告一份(见表2.4)。
自己提出思考题,与同学或老师探讨并定出答案。

编　号	自己所提思考题表述	探讨结果,即启示性答案

表2.3　普通水准测量数据记录表

测　站	测　点	水准尺读数/m		高　差/m	高　程/m	备　注
计算	$\sum$					
检核	$(\sum a - \sum b) =$			$\sum h =$		

表 2.4　普通水准测量实验报告

日期：　　　　班级：　　　　组别：　　　　姓名：　　　　学号：

实验题目		成　绩	
实验目的			
主要仪器及工具			
实验场地布置草图			
实验主要步骤			
实验总结			

实验 3　四等水准测量

1) 目的与要求

①掌握三、四等水准测量的施测、记录及高程计算的方法。

②实验时数安排为 2 学时。实习小组由 4 或 5 人组成。

2) 仪器与工具

①微倾式 DS3 型水准仪 1 台、双面水准尺 2 把(或 1 把)、尺垫 2 个(或 1 个)。

②自备:计算器、铅笔、小刀、草稿纸。

3) 实验方法与步骤

①在地面选定 B,C,D 3 个坚固点作为待定高程点。BM_A 为已知高程点,其高程由老师或者自己假设提供。安置仪器于 A 点和 B 点之间,目估前、后视距离相等,进行粗略整平和目镜对光。测站编号为(1)。

②后视 A 点上的水准尺黑面,精平后读取视距丝和中丝读数,记入手簿。

③前视 B 点上的水准尺黑面,精平后读取视距丝和中丝读数,记入手簿。

④前视 B 点上的水准尺红面,精平后读取中丝读数,记入手簿。

⑤后视 A 点上的水准尺红面,精平后读取中丝读数,记入手簿。

⑥测站计算校核。四等水准测量记录表格见表 2.5。

表 2.5　四等水准测量记录表格

<table>
<tr><td rowspan="4">测站编号</td><td rowspan="2">后尺</td><td>下丝</td><td rowspan="2">前尺</td><td>下丝</td><td rowspan="4">方向及尺号</td><td colspan="2">标尺读数</td><td rowspan="4">K+黑减红</td><td rowspan="4">高差中数</td><td rowspan="4">备注</td></tr>
<tr><td>上丝</td><td>上丝</td><td rowspan="3">黑面</td><td rowspan="3">红面</td></tr>
<tr><td colspan="2">后距</td><td colspan="2">前距</td></tr>
<tr><td colspan="2">视距差 d</td><td colspan="2">$\sum d$</td></tr>
<tr><td rowspan="4"></td><td colspan="2">(1)</td><td colspan="2">(5)</td><td>后</td><td>(3)</td><td>(4)</td><td>(9)</td><td></td><td rowspan="8"></td></tr>
<tr><td colspan="2">(2)</td><td colspan="2">(6)</td><td>前</td><td>(7)</td><td>(8)</td><td>(10)</td><td></td></tr>
<tr><td colspan="2">(12)</td><td colspan="2">(13)</td><td>后 - 前</td><td>(16)</td><td>(17)</td><td>(11)</td><td></td></tr>
<tr><td colspan="2">(14)</td><td colspan="2">(15)</td><td colspan="5"></td></tr>
<tr><td rowspan="4"></td><td colspan="2"></td><td colspan="2"></td><td>后 5</td><td></td><td></td><td></td><td></td></tr>
<tr><td colspan="2"></td><td colspan="2"></td><td>前 6</td><td></td><td></td><td></td><td></td></tr>
<tr><td colspan="2"></td><td colspan="2"></td><td>后 - 前</td><td></td><td></td><td></td><td></td></tr>
<tr><td colspan="2"></td><td colspan="2"></td><td colspan="5"></td></tr>
</table>

a. 高差部分:

$$(9) = (3) + K - (4)$$
$$(10) = (7) + K - (8)$$
$$(11) = (9) - (10)$$

(9)及(10)分别为同一根尺的红黑面之差;K 为同一根红黑面零点的差数,即尺常数。一对尺子是 $K=4.787$ 和 $K=4.687$ 组合起来的水准尺。

b. 视距部分:

$$(12) = (1) - (2)$$
$$(13) = (5) - (6)$$
$$(14) = (12) - (13)$$
$$(15) = \text{本站的}(14) - \text{前站的}(15)$$

(12)为后视距离,(13)为前视距离,(14)为前后视距离差,(15)为前后视距离累计差。

$$(16) = (3) - (7)$$
$$(17) = (4) - (8)$$

(16)为黑面所计算的高差,(17)为红面所计算的高差。由于两根尺子红黑面零点差不同,所以(16)并不等于(17)而相差0.1。因此(11)尚可做一次检核计算,即

$$(11) = (16) \pm 0.1 - (17)$$

⑦迁至第2站继续观测。

⑧计算。

a. 高差部分:

$$\sum(3) - \sum(7) = \sum(16) = h_{黑} \qquad \sum(3) - \sum(4) = \sum(9)$$
$$\sum(4) - \sum(8) = \sum(17) = h_{红} \qquad \sum(7) - \sum(8) = \sum(10)$$

$h_{中} = (h_{黑} + h_{红})/2$

$h_{黑}$、$h_{红}$ 为一测段黑面、红面所得高差;$h_{中}$ 为高差中数。

b. 视距部分:

$$\text{末站}(15) = \sum(12) - \sum(13)$$
$$\text{总视距} = \sum(12) + \sum(13)$$

4)注意事项

①四等水准测量按"后前前后"(黑黑红红)顺序观测。在一定的条件限制下,两个水准尺可采用"后前前后",只有一个水准尺可采用"后后前前"。

②记录要规范,各项限差要随时检查,无误后方可搬站。

5)上交资料

①每人上交合格的四等水准测量记录表和数据处理表格各一份,见表2.6。

②每人上交实验报告一份。

表 2.6　四等水准测量数据记录表

时间：　　年　月　日　　　天气：　　　成像：

观测者：　　　记录者：　　　班级：　　　小组：

测站编号	点号	后尺 下丝	前尺 下丝	方向及尺号	标尺中丝读数/m		黑 + K - 红/mm	高差中数/m	备注
		后尺 上丝	前尺 上丝		黑面	红面			
		后视距/m	前视距/m						
		视距差 d/m	$\sum d$/m						
				后					
				前					
				后 - 前					
				后					
				前					
				后 - 前					
				后					
				前					
				后 - 前					
				后					
				前					
				后 - 前					
				后					
				前					
				后 - 前					
计算检核									

注：K 为水准尺常数，K = 4.687 m 或 4.787 m。

自己提出思考题，与同学或老师探讨并定出答案。

编　号	自己所提思考题表述	探讨结果，即启示性答案

实验4 DS3型水准仪的检验与校正

1)目的与要求

①认识微倾式DS3型水准仪的主要轴线及它们之间所具备的几何关系。

②掌握水准仪的检验与校正方法。

2)仪器与工具

①DS3型水准仪1台、水准尺2根、尺垫2个、木桩2个、校正针1根。

②自备:计算器、铅笔、小刀、草稿纸。

3)实验方法与步骤

(1)一般性检验

安置仪器后,首先检验:三角架是否牢固;制动和微动螺旋、微倾螺旋、脚螺旋等是否有效;望远镜成像是否清晰等。同时了解水准仪各主要轴线及其相互关系。

(2)圆水准器轴平行于仪器竖轴的检验和校正

①检验:转动脚螺旋使圆水准器气泡居中,将仪器绕竖轴旋转180°后,若气泡仍居中,则说明圆水准器轴平行于仪器竖轴,否则需要校正。

②校正:先稍松圆水准器底部中央的固紧螺丝,再拨动圆水准器校正螺丝,使气泡返回偏移量的一半,然后转动脚螺旋使气泡居中。如此反复检校,直到圆水准器在任何位置时,气泡都在刻划圈内为止。最后旋紧固紧螺旋。

(3)十字丝横丝垂直于仪器竖轴的检验与校正

①检验:以十字丝横丝一端瞄准约20 m处一细小目标点,转动水平微动螺旋,若横丝始终不离开目标点,则说明十字丝横丝垂直于仪器竖轴,否则需要校正。

②校正:旋下十字丝分划板护罩,用小螺丝刀松开十字丝分划板的固定螺丝,略微转动十字丝分划板,使转动水平微动螺旋时横丝不离开目标点。如此反复检校,直至满足要求。最后将固定螺丝旋紧,并旋上护罩。

(4)水准管轴垂直于视准轴平行关系的检验与校正

①检验:

a.如图2.4所示,选择相距75~100 m稳定且通视良好的两点A,B,在A,B两点上各打一个木桩固定其点位。

b. 水准仪置于距 A,B 两点等远处的Ⅰ位置,用变换仪器高法测定 A,B 两点间的高差(两次高差之差不超过3 mm时,可取平均值作为正确高差 h_{AB})。

$$h_{AB} = (a'_1 - b'_1 + a''_1 - b''_1)/2$$

c. 在把水准仪置于离 A 点 3 ~ 5 m 的Ⅱ位置(如图2.4(b)所示),精平仪器后读近尺 A 上的读数 a_2。

d. 计算远尺 B 上的正确读数 b_2。

$$b_2 = a_2 - h_{AB}$$

e. 照准远尺 B,旋转微倾螺旋。

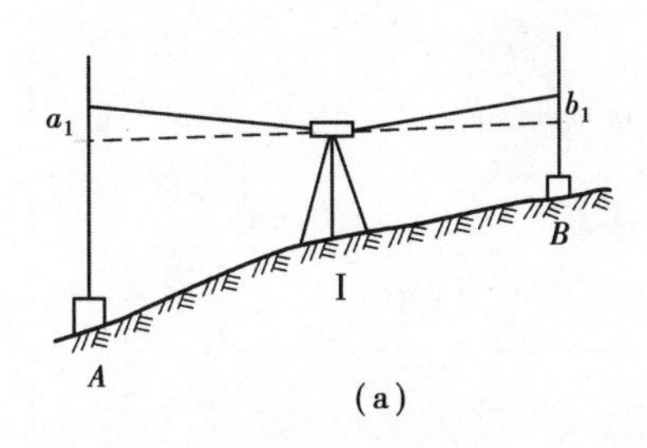

(a)

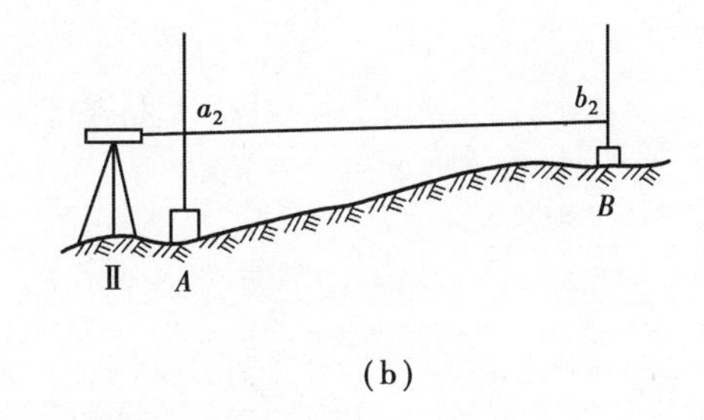

(b)

图2.4 水准管检验示意图

将水准仪视准轴对准 B 尺上的 b_2 读数,这时,如果水准管气泡居中,即符合气泡影像符合,则说明视准轴与水准管平行,否则应进行校正。

②校正:

a. 重新旋转水准仪微倾螺旋,使视准轴对准 B 尺读数 b_2,这时水准管符合气泡影像错开,即水准管气泡不居中。

b. 用校正针先松开水准管左右校正螺丝,再拨动上下两个校正螺丝(先送上(下)边的螺丝,再紧下(上)边的螺丝),直到使符合气泡影像符合为止。此项工作要重复进行几次,直到符合要求为止。

4)注意事项

①水准仪的检验和校正过程要认真细心,不能马虎,原始数据不得涂改。

②校正螺丝都比较精细,在拨动螺丝时要"慢、稳、均"。

③各项检验和校正的顺序不能颠倒,在检校过程中同时填写实验报告。

④各项检校都需要重复进行,直到符合要求为止。

⑤对100 m长的视距,一般要求是检验远尺的读数与计算值之差不大于3 ~ 5 mm。

⑥每项检校完毕都要拧紧各个校正螺丝,上好护盖,以防脱落。

⑦校正后,应再作一次检验,看其是否符合要求。

⑧本次实验要求学生在实验过程中要及时填写实验报告,只进行检验。如若校正,应在

指导教师直接指导下进行。

5)上交资料

每人上交 DS3 型水准仪的检验与校正实验报告一份(见表 2.7)。

表 2.7　DS3 型水准仪的检验与校正实验报告

日期：　　　　班级：　　　　组别：　　　　姓名：　　　　学号：

实验题目		成　绩	
实验目的			
主要仪器及工具			
1. 描述在对十字丝横丝与仪器竖轴是否垂直的检校过程中，如何判断十字丝横丝与仪器竖轴是否垂直，并画图说明。			
2. 描述圆水准器轴与仪器竖轴是否平行的检校过程，并画图说明。			
3. 水准管轴与视准轴是否平行的检校记录：			

仪器位置	项　目	第一次	第二次	第三次
在 A,B 两点中间安置仪器测高差	后视 A 点尺上读数 a_1			
	前视 B 点尺上读数 b_1			
	$h_{AB} = a_1 - b_1$			
仪器位置	项　目	第一次	第二次	第三次
在 A 点附近置仪器进行检校	A 点尺上读数 a_2			
	B 点尺上读数 b_2			
	计算 $b_2' = a_2 - b_2$			
	计算偏差值 $\Delta b = b_2 - b_2'$			
	是否需校正			

续表

4. 描述水准管轴与视准轴的校正方法
5. 实验总结

自己提出思考题,与同学或老师探讨并定出答案。

编　号	自己所提思考题表述	探讨结果,即启示性答案

实验5　DJ6型光学经纬仪的认识和基本操作

1)目的与要求

①了解DJ6型光学经纬仪的基本构造和各部件的功能。
②掌握经纬仪对中、整平、照准和读数的方法。
③测量两个方向间的水平角。
④要求对中偏差不超过3 mm,整平误差不超过1格。
⑤每3人一组,轮流操作。

2)仪器准备

DJ6型光学经纬仪1台,记录板1块。

3)实验方法与步骤

在地面上选择坚固平坦的地方,用铅笔画“十”字线,“十”字线交点作为测站点。

①对中:将经纬仪水平度盘的中心安置在测站点的铅垂线上。

a. 垂球对中:先将三脚架安置在测站点上,架头大致水平,用垂球概略对中后踩紧三脚架,然后用连接螺旋将仪器固定在三脚架上。若偏离测站点较多时,将三脚架平行移动;若偏离较少,可将连接螺旋松开,在架头上移动仪器使垂球尖准确对准测站点,再将连接螺旋旋紧。

b. 光学对中:将仪器安置在测站点上,架头大致水平,三个脚螺旋的高度适中,光学对点器大致在测站点铅垂线上,转动对点器目镜看清十字丝中心圈,再推拉或旋转目镜,使测站点影像清晰。若中心圈与测站点相距较远,则应平移脚架,再旋转脚螺旋,使两者重合。伸缩架腿,粗略整平圆水准器,再用脚螺旋使圆水准气泡居中。最后还要检查测站点与中心圈是否重合,若有很小偏差则松开连接螺旋,在架头上移动仪器,使其精确对中。

②整平:使经纬仪水平度盘处于水平位置,仪器竖轴铅直。

使照准部水准管与任意两个脚螺旋连线平行,两手以相反方向同时旋转两个脚螺旋,使水准管气泡居中(气泡移动方向与左手大拇指移动方向一致)。再将照准部旋转 90°,调节第三个脚螺旋使水准管气泡居中。反复以上操作,至气泡在任何方向居中。

③瞄准目标:松开照准部和望远镜的制动螺旋,用瞄准器粗略瞄准目标,拧紧制动螺旋。调节目镜对光螺旋,看清十字丝,再转动物镜对光螺旋,使目标影像清晰,转动水平微动和竖直微动螺旋,用十字丝精确瞄准目标,并消除视差。

④练习水平度盘读数。

⑤练习用水平度盘变换手轮或复测扳手配置水平度盘读数。

⑥瞄准目标,拧紧水平制动螺旋,用微动螺旋准确瞄准目标,转动水平度盘变换手轮,使水平度盘读数配到预定数值。松开制动螺旋,重新照准原目标,看水平度盘读数是否为原预定读数,否则需重新配置。

4)注意事项

①严禁“先安置仪器,再根据垂球尖所指画十字线”的对中方法。

②在三角架头上移动经纬仪准确对中后,切不可忘记将连接螺旋旋紧。

③瞄准目标时,尽可能瞄准目标底部,目标较粗时,用双丝夹;目标较细时,用单丝平分。

④读数时,认清水平度盘读数窗,注意正确估读到秒。

⑤离合器扳手扳下时,度盘锁紧;扳手扳上时,度盘松开。

5)上交资料

每人上交 DJ6 型经纬仪认识和基本操作实验报告一份(见表 2.8)。

表 2.8　DJ6 型光学经纬仪的认识和基本操作实验报告

日期：　　　　班级：　　　　组别：　　　　姓名：　　　　学号：

实验题目	DJ6 型光学经纬仪的认识与操作	成　绩	
实验目的			
主要仪器及工具			

1. 在下图引出的标线上标明仪器各部件的名称。

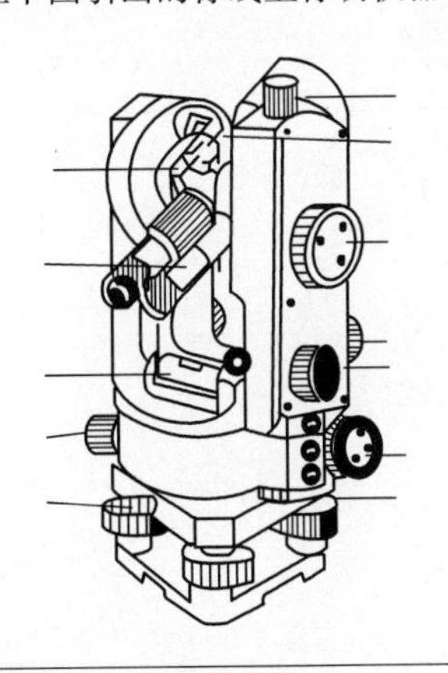

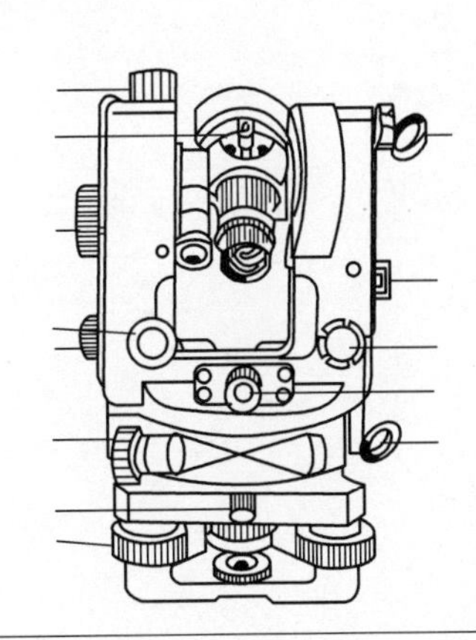

2. 绘出所用仪器的读数窗示意图。

3. 水平度盘读数设置为 00°00′00″,90°00′00″,120°08′35″。

4. 观测记录练习。

测　站	目　标	盘左读数	盘右读数	备　注

续表

5. 实验总结。

自己提出思考题,与同学或老师探讨并定出答案。

编　号	自己所提思考题表述	探讨结果,即启示性答案

实验6　测回法测水平角

1)目的与要求

①进一步熟悉经纬仪的构造和操作方法。
②学会用测回法观测水平角。

2)仪器与工具

①由仪器室借领:经纬仪1台、记录板1块、测伞1把。
②自备:计算器、铅笔、草稿纸。

3)实验方法与步骤

①在一个指定的点上安置经纬仪。
②选择两个明显的固定点作为观测目标或用花杆标定两个目标。
③用测回法测定其水平角值。其观测程序如下:

a. 安置好仪器后，以盘左位置照准左目标，并读取水平度盘读数。记录人员听到读数后，立即回报观测者，经观测者默许后，立即记入测角表中。

b. 顺时针旋转照准部照准右目标，读取其水平度盘读数，并记入测角记录表中。

c. 由 a.，b. 两步完成上半测回的观测，记录者在记录表中要计算出上半测回角值。

d. 将经纬仪置盘右位置。先照准右目标，读取水平度盘读数，并记入测角记录表中，其读数与盘左时的同一目标读数大约相差 180°。

e. 逆时针转动照准部，再照准左目标，读取水平度盘读数，并记入测角记录表中。

f. 由 d.，e. 两步完成下半测回的观测，记录者再算出其下半测回角值。

g. 至此便完成了一个测回的观测。如上半测回角值和下半测回角值之差没有超限（不超过 40′），则取平均值作为一测回的角度观测值，也就是这两个方向之间的水平角。

④如果观测不止一个测回，而是要观测 n 个测回，那么在每测回要重新设置水平度盘起始读数。即对左目标每测回在盘左观测时，水平度盘应设置 $180°/n$ 的整倍数来观测。

4）注意事项

①记录前，首先要弄清记录表格的填写次序和填写方法。

②每一测回的观测中间，如发现水准管气泡偏离，也不能重新整平。本测回观测完毕，下一测回开始前再重新整平仪器。

③在照准目标时，要用十字丝竖丝照准目标的明显地方，最好看目标下部，上半测回照准什么部位，下半测回仍照准这个部位。

④长条形较大目标需要用十字丝双丝来照准，点目标用单丝平分。

⑤再选择目标时，最好选取不同高度的目标进行观测。

5）上交资料

①每人上交合格的观测水平角记录表一份（见表 2.9）。

②每人上交测回法实验报告一份（见表 2.10）。

自己提出思考题，与同学或老师探讨并定出答案。

编　号	自己所提思考题表述	探讨结果，即启示性答案

表 2.9　测回法测量记录与计算表

测　站	盘　位	目　标	水平度盘读数 ° ′ ″	水平角 半测回值 ° ′ ″	水平角 一测回值 ° ′ ″	备　注
	盘　左					
	盘　右					
	盘　左					
	盘　右					
	盘　左					
	盘　右					
	盘　左					
	盘　右					
	盘　左					
	盘　右					
	盘　左					
	盘　右					
	盘　左					
	盘　右					

$\Delta\beta = \beta_{左} - \beta_{右} =$　　　　　　$\Delta\beta_{容许} =$

测量人：　　　　记录人：　　　　复核人：

表 2.10 测回法实验报告

日期： 班级： 组别： 姓名： 学号：

实验题目		成　绩	
实验目的			
主要仪器及工具			
实验场地布置草图			
实验主要步骤			
实验总结			

实验 7　方向观测法测水平角

1) 目的与要求

①通过实习进一步掌握水平角的概念及其观测原理。

②掌握用方向观测法进行水平角测量的观测步骤及其记录、计算方法。

2)仪器与工具

①由仪器室借领:经纬仪1台、记录板1块、测伞1把。
②自备:计算器、铅笔、草稿纸。

3)实验方法与步骤

(1)经纬仪的安置

按实验5讲述的步骤进行对中和整平。

(2)瞄准

安置好仪器后,松开照准部和望远镜的制动螺旋,用望远镜上的粗瞄设备初步照准目标,然后拧紧这两个制动螺旋。调节目镜对焦螺旋,使十字丝清晰,转动物镜对焦螺旋,使目标成像清晰,并消除视差。最后,利用照准部和望远镜的微动螺旋准确地照准目标。

照准目标时,应尽量照准目标底部。目标成像较大时,可用十字丝的单丝平分目标;若目标成像较小,可用竖丝与目标重合,或用双丝夹准目标。

(3)观测和记录

方向观测法适用于3个以上,而不多于7个方向的水平角观测。本次实验要求对3个方向进行全圆观测。其具体步骤为:

①安置仪器在测站 O 上,对中、整平后开始观测工作。首先选择一个成像清晰、远近适中的目标作为起始方向(也称零方向)(如 A)。

②以盘左位置瞄准起始目标 A,配置度盘在0°附近且略大于0°,进行观测(包括读数,并记入记录)。

③顺时针转动照准部,依次观测第二、第三个目标(如 B,C)。

④观测完最后一个目标(如 C)后,应继续顺时针转动照准部再次观测起始目标 A(称为归零观测)。以上为上半测回。

⑤倒转望远镜,使仪器置于盘右位置,仍观测起始目标 A,然后逆时针转动照准部,依次观测其余各目标(如 C,B),最后进行归零观测,完成下半测回。

上、下两个半测回为一个测回。

⑥变换度盘位置(变换数为 $180°/n$,n——总测回数),按与第一测回相同的步骤进行以后各测回工作。要求每个同学完成一个测回,每组的各个同学依次完成各测回的观测和记录计算工作。组内同学个数即为总测回数。

(4)计算和观测精度检核

每一测回或整个观测工作完成后,应进行下列各项计算和精度检核:

①归零差:每半测回结束后,应计算起始方向两次观测值之差,即归零差。对于DJ6型仪器,归零差应≤18″。

②2倍照准差($2c$):每一方向的上、下两半测回完成后,应按公式 $2c$ = 盘左读数

$L \pm 180°$ - 盘右读数 R,计算每一方向的 2 倍照准差。对于 DJ6 型仪器,一测回中 2 倍照准差的变化范围应≤30″。

③一测回观测值:每一测回完成后,应即按($L + R \pm 180°$)/2 计算每一方向的上、下两半测回观测值的平均值,即为该方向的一测回观测值。

④零方向一测回观测值:取起始方向两次观测的一测回观测值的平均值作为零方向的该测回测值,写在它的第一个一测回观测值的上方。

⑤一测回归零方向值:各方向(包括起始方向)的一测回观测值分别减去起始方向的一测回观测值,即得每一方向的一测回归零方向值。

⑥各测回互差:比较各测回同一方向的一测回归零方向值,其最大值与最小值之差,即为各测回同一归零方向值的互差(简称各测回互差)。对于 DJ6 型仪器各测回互差应≤24″。

⑦各测回归零方向平均值:取各测回同一方向的归零方向值的计算平均数,即为各测回归零方向的平均值,写在第一测回相应方向的相应栏中。

4)注意事项

水平角观测是一项技术性较强的工作,尤其在连续观测几个测回,方向数又较多时,应大胆而谨慎地进行观测,并遵守下列规则:

①望远镜的焦距在每一观测时段内尽量少变动,一测回内应保持不变。

②观测目标时,照准部应按规定方向旋转,使用微动螺旋按旋进方向照准目标。

③在观测过程中,注意检查气泡位置偏离水准管中心不应超过一格。气泡位置接近以上限度时应在测回间重新整平仪器,在一测回中不得调整气泡位置。

④观测成果的记录、计算应严格遵守本指导书第一部分中有关记录计算的各项规定。

5)上交资料

①每人上交合格的方向观测水平角记录表一份(见表 2.11)。

②每人上交方向观测法实验报告一份(见表 2.12)。

自己提出思考题,与同学或老师探讨并定出答案。

编　号	自己所提思考题表述	探讨结果,即启示性答案

表 2.11　方向观测法测水平角

日期______________ 班级__________ 小组____________ 姓名______________

测站	测回	目标	水平度盘读数		$2c$ = 左 − 右 ± 180° ″	平均读数 = (左 + 右 ± 180°)/2 ° ′ ″	归零后的方向值 ° ′ ″	各测回归零方向值的平均值 ° ′ ″	角值与简图
			盘左 ° ′ ″	盘右 ° ′ ″					

测量人：　　　　记录人：　　　　复核人：

表 2.12　方向观测法实验报告

日期：　　　　班级：　　　　组别：　　　　姓名：　　　　学号：

<table>
<tr><td>实验题目</td><td></td><td>成　绩</td><td></td></tr>
<tr><td>实验目的</td><td colspan="3"></td></tr>
<tr><td>主要仪器及工具</td><td colspan="3"></td></tr>
<tr><td>实验场地布置草图</td><td colspan="3"></td></tr>
<tr><td>实验主要步骤</td><td colspan="3"></td></tr>
<tr><td>实验总结</td><td colspan="3"></td></tr>
</table>

实验8　竖直角观测

1)目的与要求

①学会竖直角的测量方法。

②学会竖直角及竖盘指标差的记录和计算方法。

2)仪器与工具

①由仪器室借领:DJ6 型经纬仪 1 台、记录板 1 块、测伞 1 把。

②自备:计算器、铅笔、草稿纸。

3)实验方法与步骤

①在某指定点安置经纬仪。

②以盘左位置时望远镜视线大致水平,竖盘指标读数约为 90°。

③将望远镜物镜端抬高,如竖盘读数 L 比 90°逐渐向上倾斜时,观察竖盘读数 L 比 90°是增加还是减少,借以确定竖直角和指标差的计算公式。

a. 当望远镜物镜抬高时,如竖盘读数 L 比 90°逐渐减少,则竖直角计算公式为:

$$\alpha_{左} = 90° - L$$

盘右时,竖盘读数为 R,其竖直角公式为:

$$\alpha_{右} = R - 270°$$

$$竖直角\ \alpha = \frac{1}{2}(\alpha_{左} + \alpha_{右}) = \frac{1}{2}(R - L - 180°)$$

b. 当望远镜物镜抬高时,如度盘读数 L 比 90° 逐渐增大,则竖直角公式为:

$$\alpha_{左} = L - 90°$$

$$\alpha_{右} = 270° - R$$

$$竖直角\ \alpha = \frac{1}{2}(\alpha_{左} + \alpha_{右}) = \frac{1}{2}(L - R - 180°)$$

在上述两种情况下,竖盘指标差均为:

$$X = \frac{1}{2}(\alpha_{左} - \alpha_{右}) = \frac{1}{2}(L + R - 360°)$$

④测回法测定竖直角，其观测程序如下：

a. 安置好经纬仪后，盘左位置照准目标，转动竖盘指标水准管微动螺旋，使水准管气泡居中或打开竖盘指标自动归零装置使之处于ON位置，读取竖直度盘的读数 L。记录者将读数 L 记入竖直角测量记录表中。

b. 根据竖直角计算公式，在记录表中计算出盘左时的竖直角 $\alpha_{左}$。

c. 在用盘右位置照准目标，按照a. 的操作步骤，读取其竖直度盘的读数 R。记录者将读数 R 记入竖直角测量记录表中。

d. 根据竖直角计算公式，在记录表中计算出盘右时的竖直角 $\alpha_{右}$。

e. 计算一测回竖直角值和指标差。

4）注意事项

①直接读取的竖盘读数并非竖直角，竖直角需计算才能获得。

②竖盘因其刻划注记和初始读数的不同，计算竖直角的方法也就不同，要通过检测来确定正确的竖直角和指标差计算公式。

③盘左盘右照准目标时，要用十字丝横丝照准目标同一位置。

④在竖盘读数前，务必要使竖盘指标水准管气泡居中。

5）上交资料

①每人上交合格的竖直角测量记录表一份（见表2.13）。

②每人上交竖直角观测实验报告一份（见表2.14）。

自己提出思考题，与同学或老师探讨并定出答案。

编　号	自己所提思考题表述	探讨结果，即启示性答案

表 2.13　竖直角观测记录及计算表

日期：　　班级：　　组别：　　姓名：　　学号：

测　站	测　点	盘　位	竖盘读数 °　′　″	竖直角 °　′　″	指标差 ′　″	一测回平均角值 °　′　″	备　注
		盘　左					
		盘　右					
		盘　左					
		盘　右					
		盘　左					
		盘　右					
		盘　左					
		盘　右					
		盘　左					
		盘　右					
		盘　左					
		盘　右					
		盘　左					
		盘　右					
		盘　左					
		盘　右					
		盘　左					
		盘　右					

测量人：　　记录人：　　复核人：

表 2.14 竖直角观测实验报告

日期： 班级： 组别： 姓名： 学号：

实验题目		成　绩	
实验目的			
主要仪器及工具			
实验场地布置草图			
实验主要步骤			
实验总结			

实验9　DJ6型光学经纬仪的检验与校正

1)目的与要求

①熟悉DJ6型经纬仪的主要轴线及各轴线间所具备的几何关系。
②熟悉DJ6型经纬仪的检验。
③了解DJ6型经纬仪的校正方法。

2)仪器与工具

①由仪器室借领:DJ6型经纬仪1台、校正针1根。
②自备:计算器、铅笔、小刀、草稿纸。

3)实验方法与步骤

(1)指导教师讲解各项检验的过程及操作要领
(2)照准部水准管轴垂直于仪器竖轴的检验与校正
①检验方法:
a.先将经纬仪严格整平。
b.转动照准部,使水准管与3个脚螺旋中的任意一对平行,转动脚螺旋使气泡严格居中。
c.在将照准部旋转180°时,如果气泡居中,说明该条件能够满足。若气泡偏离中央零点位置,则需进行校正。
②校正方法:
a.先旋转这一对脚螺旋,使气泡向中央零点位置移动偏离格数的一半。
b.用校正针拨动水准管一端的校正螺丝,使气泡居中。
c.再次将仪器严格整平后进行检验,如需校正,仍用a.,b.所述方法进行校正。
d.反复进行数次后,直到气泡居中后再转动照准部,气泡偏离在半格以内,可不再校正。
(3)十字丝竖丝的检验与校正
①检验方法:整平仪器后,用十字丝竖丝的最上端照准一明显固定点,固定照准部制动螺旋和望远镜制动螺旋,然后转动望远镜微动螺旋,使望远镜上下移动,如果该固定目标不离开竖丝,说明此条件满足,否则需要校正。
②校正方法:
a.旋下望远镜目镜端十字丝环护罩,用螺丝刀松开十字丝环的每个固定螺旋。

b. 轻轻转动十字丝环,使竖丝处于竖直位置。

c. 调整完毕后务必拧紧十字丝环的 4 个固定螺旋,上好十字丝环护罩。

(4)视准轴的检验与校正

①检验方法:

a. 选与视准轴大致处于同一水平线上的一点作为照准目标,安置好仪器后,盘左位置照准此目标并读取水平度盘读数,作为 $a_{左}$。

b. 在以盘右位置照准此目标,读取水平度盘读数,作为 $a_{右}$。

c. 如 $a_{左}=a_{右}\pm180°$,则此项条件满足。如果 $a_{左}\neq a_{右}\pm180°$,则说明视准轴与仪器横轴不垂直,存在视准差 c,即 $2c$ 误差,应进行校正 $2c$ 误差的计算公式如下:

$$2c = a_{左} - (a_{右} - 180°)$$

②校正方法:

a. 仪器仍处于盘右位置不动,以盘右位置读数为准,计算两次读数的平均值 a 作为正确读数,即

$$a = a_{左} + \frac{(a_{右} \pm 180°)}{2}$$

b. 转动照准部微动螺旋,使水平度盘指标在正确读数 a 上,这时十字丝交点偏离了原目标。

c. 旋下望远镜目镜端的十字丝环护罩,松开十字丝环上、下校正螺丝,拨动十字丝环左右两个校正螺丝(先松左(右)边的校正螺丝,再紧右(左)边的校正螺丝),使十字丝交点回到原目标,即使视准轴与仪器横轴相垂直。

d. 调整完后务必拧紧十字丝环上、下两校正螺丝,上好望远镜目标端十字丝环护罩。

(5)横轴的检验与校正

①检验方法:

a. 将仪器安置在一个清晰的高目标附近(望远镜仰角为30°左右),视准面与墙面大致垂直,如图 2.5 所示。盘左位置照准目标 M,拧紧水平制动螺旋后,将望远镜放到水平位置,在墙上(或横放的尺上)标出 m_1 点。

b. 盘右位置仍照准高目标 M,放平望远镜,在墙上(或横放的尺子上)标出 m_2 点。若 m_1 与 m_2 两点重合,说明望远镜横轴垂直仪器竖轴,否则需校正。

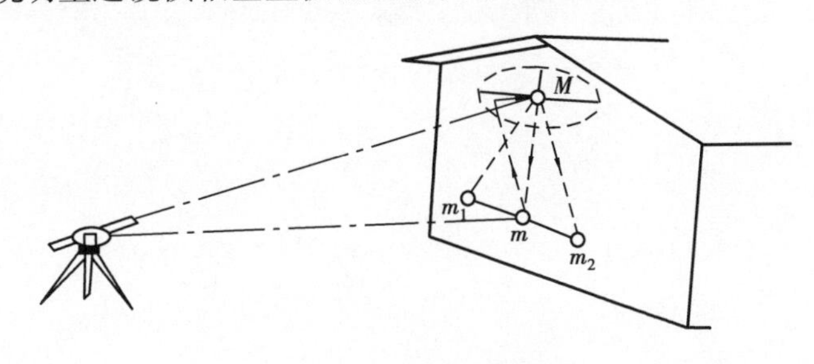

图 2.5 横轴的检验方法

②校正方法:

a. 由于盘左和盘右两个位置的投影各向不同方向倾斜，而且倾斜的角度是相等的，取 m_1 与 m_2 的中点 m，即是高目标点 M 的正确投影位置。得到 m 点后，用微动螺旋使望远镜照准点 m，再仰起望远镜看高目标点 M，此时十字丝交点将偏离 M 点。

b. 此项校正一般应送仪器组专修进行。

(6)竖盘指标水准管的检验与校正

①检验方法：

a. 安置仪器后，盘左位置照准某一高处目标(仰角大于30°)，用竖盘指标水准管微动螺旋使水准管气泡居中，读取竖直度盘读数，并根据实验7所述的方法，求出其竖直角 $\alpha_{左}$。

b. 再以盘右位置照准此目标，用同样方法求出其竖直角 $\alpha_{右}$。

c. 若 $\alpha_{左} \neq \alpha_{右}$，说明有指标差，应进行校正。

②校正方法：

a. 计算出正确的竖直角 α：

$$\alpha = \alpha_{左} + \alpha_{右}$$

b. 仪器仍处于盘右位置不动，不改变望远镜所照准的目标，再根据正确的竖直角和竖直度盘刻划特点求出盘右时竖直度盘的正确读数值，并用竖直指标水准管微动螺旋使竖直度盘指标对准正确读数值，这时，竖盘指标水准管气泡不再居中。

c. 用拨针拨动竖盘指标水准管上、下校正螺丝，使气泡居中即消除了指标差，达到了检校的目的。

(7)对点器的检验和校正

对点器的检验和校正，使光学对点器的视准轴经棱镜折射后与仪器的竖轴重合。

①检验方法：

a. 对点器安装在基座上的仪器：将仪器水平放置在桌面上并固定仪器(仪器基座距墙约1.3 m)，通过对点器标注墙上目标 a，转动基座180°，再看十字丝是否与 a 重合，若重合则条件满足，否则需要校正。

b. 对点器安装在照准部上的仪器：安置经纬仪于脚架上，移动放置在脚架中央地面上标有 a 点的白纸，使十字丝中心与 a 点重合。转动仪器180°，再看十字丝中心是否与地面的 a 目标重合，若重合则条件满足，否则需要校正。

②校正方法：校正光学对点器目镜十字丝分划板，调节分划板校正螺丝，使十字丝退回偏离值的一半，即可达到校正的目的。

4)注意事项

①经纬仪检验是很精细的工作，必须认真对待。

②在实验过程中及时填写实验报告，发现问题及时向指导教师汇报，不得自行处理。

③各项检校顺序不能颠倒。在检校过程中要同时填写实验报告。

④检校完毕，要将各个校正螺丝拧紧，以防脱落。

⑤每项检校都需重复进行,直到符合要求。

⑥校正后应再做一次检验,看其是否符合要求。

5)上交资料

每人上交 DJ6 型经纬仪的检验与校正实验报告一份(见表 2.15)。

表 2.15　DJ6 光学经纬仪的检验与校正实验报告

日期：　班级：　组别：　姓名：　学号：

实验题目			成　绩	
实验目的				
主要仪器及工具				
校正方法简述	水准管轴			
	十字丝纵丝			
	视准轴			
	横　轴			
	指标差			
实验总结				

自己提出思考题，与同学或老师探讨并定出答案。

编　号	自己所提思考题表述	探讨结果，即启示性答案

实验 10　钢尺量距

1）目的与要求

①学会在地面上标定直线方向。

②学会用普通钢尺丈量距离。

2）仪器与工具

①由仪器室借领：DJ6 型经纬仪一台、钢尺 1 卷、测钎 1 束、木桩 3 个。

②自备：计算器、铅笔、小刀、计算用纸。

3）实验方法与步骤

①实验指导教师讲解本次实验的内容和方法。

②在实验场地上相距 60～80 m 的 *A* 点和 *B* 点各打一个木桩，作为直线端点桩，木桩上钉小铁钉或画十字线作为点位标志，木桩高出地面约 2 m。

③进行直线定向。在起点安置经纬仪，瞄准终点以定线。

④丈量距离（如图 2.6 所示）

a. 后尺手拿尺的末端在 *A* 点后面，前尺手拿尺的零端，测钎沿 *A*—*B* 方向前进，走到约一整尺段时停止前进并立测钎，听从司镜手指挥，把测钎立在 *AB* 直线上，做好记号。

b. 前、后尺手拿尺都蹲下，后尺手把尺对准起点 *A* 的标志，喊“预备”，前尺手把尺通过定线时所作的记号，两人同时把尺拉直，拉力大小适当，尺身要保持水平，当尺拉稳后，后尺手喊

“好”,这时前尺手对准尺的零点刻线,在地面竖直地插入一根测钎,如图 2.6 中的①点,插好后喊“好”,这样就量完了一个整尺段。

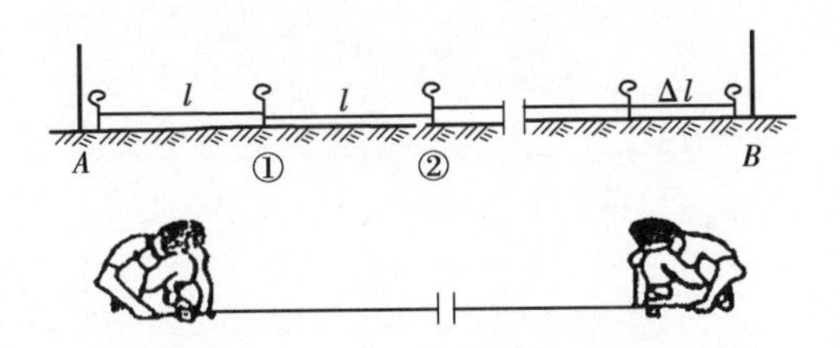

图 2.6 钢尺量距示意图

c. 前、后尺手抬尺前进,当后尺手到达①点测钎后,重复上述操作,丈量第二整尺段,得到②点,量好后继续向前丈量,后尺手依次收回测钎,一根测钎代表一个整尺段。丈量到 B 点前的最后一段,由前尺手对零,后尺手读出该不足整尺段长度。

d. 计算总长度。至此完成了往测任务。

⑤再用上述①,②,③的方法进行返测。取往返丈量的平均值作为这段距离的量测值,即 $D_{AB}=(D_{AB往}+D_{AB返})/2$。

⑥轮换工作再进行往返丈量。

⑦在记录表中进行成果整理和精度计算。直线丈量相对误差要小于 1/2 000。

⑧如果丈量成果超限,要分析原因并进行重量,直至符合要求为止。

4)注意事项

①本次实验内容多,各组同学要互相帮助,以防出现事故。

②钢尺切勿扭折或在地上拖拉。用后要用油布擦净,然后卷入盒中。

③在地面倾斜时一定要注意钢尺水平。

5)上交资料

①每组上交合格的距离丈量记录表一份。

②每人上交钢尺量距实验报告一份(见表 2.16)。

自己提出思考题,与同学或老师探讨并定出答案。

编　号	自己所提思考题表述	探讨结果,即启示性答案

表 2.16　钢尺量距实验报告

日期：　　　　班级：　　　　组别：　　　　姓名：　　　　学号：

<table>
<tr><td>实验题目</td><td></td><td>成　绩</td><td></td></tr>
<tr><td>实验目的</td><td colspan="3"></td></tr>
<tr><td>主要仪器及工具</td><td colspan="3"></td></tr>
<tr><td>实验场地布置草图</td><td colspan="3"></td></tr>
<tr><td>实验主要步骤</td><td colspan="3"></td></tr>
<tr><td>实验总结</td><td colspan="3"></td></tr>
</table>

实验11 罗盘仪测量磁方位角

水平距离和方位角是确定地面点平面位置的主要参数。距离测量是测量的基本工作之一,钢尺量距是距离测量中方法简便、成本较低、使用较广的一种方法。本实验通过使用钢尺丈量距离及用罗盘仪确定直线的磁方位角,使同学们熟悉距离丈量与磁方位角测定的工具、仪器等,正确掌握其使用方法。

1)目的与要求

①熟悉距离丈量的工具、设备,认识罗盘仪。

②掌握用钢尺进行距离丈量的一般方法。

③掌握用罗盘仪测定直线的磁方位角。

2)仪器与工具

①钢尺1把、测钎1束、花杆3根、罗盘仪1个、木桩及小钉各2个、斧子1把、记录板1块。

②自备:铅笔、计算器。

3)实验方法与步骤

(1)定桩

在平坦场地上选定相距约80 m的*A*,*B*两点,打下木桩,在桩顶钉上小钉作为点位标志(若在坚硬的地面上,可直接画细十字线作标记)。在直线*AB*两端各竖立1根花杆。

(2)往测

①后尺手手持钢尺尺头,站在*A*点花杆后,单眼瞄向*A*,*B*花杆。

②前尺手手持钢尺尺盒,并携带一根花杆和一束测钎沿*A*→*B*方向前行,行至约一整尺长时停下,根据后尺手指挥,左、右移动花杆,使之插在*AB*直线上。

③后尺手将钢尺零点对准点*A*,前尺手在*AB*直线上拉紧钢尺并使之保持水平,在钢尺一整尺注记处插下第一根测钎,完成一个整尺段的丈量。

④前后尺手同时提尺前进,当后尺手行至所插第一根测钎处,利用该测钎和点*B*处花杆定线,指挥前尺手将花杆插在第一根测钎与*B*点的直线上。

⑤后尺手将钢尺零点对准第一根测钎,前尺手同法在钢尺拉平后在一整尺注记处插入第

二根测钎，随后后尺手将第一根测钎拔出收起。

⑥同法依次类推丈量其他各尺段。

⑦到最后一段时，往往不足一整尺长。后尺手将尺的零端对准测钎，前尺手拉平拉紧钢尺对准 B 点，读出尺上读数，读至毫米位，即为余长 q，做好记录。然后，后尺手拔出收起最后一根测钎。

⑧此时，后尺手手中所收测钎数 n 即为 AB 距离的整尺数，整尺数乘以钢尺整尺长 l 加上最后一段余长 q 即为 AB 往测距离，即 $D_{AB}=nl+q$。

(3)返测

往测结束后，再由 B 点向 A 点同法进行定线量距，得到返测距离 D_{BA}。

(4)计算两点间距离

根据往、返测距离 D_{AB} 和 D_{BA}，计算量距相对误差 $k=\dfrac{|D_{AB}-D_{BA}|}{\overline{D}_{AB}}=\dfrac{1}{M}$，与容许误差 $K_{容}=\dfrac{1}{3\ 000}$ 相比较。若精度满足要求，则 AB 距离的平均值 $\overline{D}_{AB}=\dfrac{D_{AB}+D_{BA}}{2}$ 即为两点间的水平距离。

(5)罗盘仪定向

①在 A 点架设罗盘仪，对中。通过刻度盘内正交两个方向上的水准管调整刻度盘，使刻度盘处于水平状态。

②旋松罗盘仪刻度盘底部的磁针固定螺丝，使磁针落在顶针上。

③用望远镜瞄准 B 点(注意保持刻度盘处于整平状态)。

④当磁针摆动静止时，从刻度盘上读取磁针北端所指示的读数，估读到 $0.5°$，即为 AB 边的磁方位角，做好记录。

⑤同法在 B 点瞄准 A 点，测出 BA 边的磁方位角。最后检查正、反磁方位角的互差是否超限(限差 $\leqslant 1°$)。

4)注意事项

①钢尺必须经过检定才能使用。

②拉尺时，尺面应保持水平，不得握住尺盒拉紧钢尺。收尺时，手摇柄要顺时针方向旋转。

③钢卷尺尺质较脆，应避免过往行人、车辆的踩、压，避免在水中拖拉。

④测磁方位角时，要认清磁针北端，应避免铁器干扰。搬迁罗盘仪时，要固定磁针。

⑤限差要求：量距的相对误差应小于 1/3 000，定向的误差应小于 1°。超限时应新测量。

⑥钢尺使用完毕，擦拭后归还。

5)上交资料

①每组上交合格的距离丈量和定向记录表一份(见表2.17)。

②每人上交钢尺量距及罗盘定向实验报告一份(见表2.18)。

表2.17　钢尺量距与定向记录表

日期________班级________小组________姓名________

钢尺长 l = ________ m

线段名称	观测次数	整尺段数 n	余尺段 q /m	距离 $D=nl+q$ /m	平均距离 /m	相对精度	正反磁方位角 ° ′	平均磁方位角 ° ′
	往							
	返							
	往							
	返							
	往							
	返							
	往							
	返							
	往							
	返							
	往							
	返							
	往							
	返							
	往							
	返							
	往							
	返							
	往							
	返							

测量人:　　　　　　　记录人:　　　　　　　复核人:

表 2.18　钢尺量距及罗盘定向实验报告

日期：　　　　班级：　　　　组别：　　　　姓名：　　　　学号：

实验题目		成　绩	
实验目的			
主要仪器及工具			
实验场地布置草图			
实验主要步骤			
实验总结			

自己提出思考题，与同学或老师探讨并定出答案。

编　号	自己所提思考题表述	探讨结果，即启示性答案

实验 12　视距法测定平距与高差

视距测量是根据光学原理，利用望远镜中的视距丝同时测定碎部点距离和高差的一种方法。其特点是:操作简便，受地形限制小，但精度仅能达到 1/200 ~ 1/300。通过本实验可以加深同学们对视距测量的理解，掌握视距测量的方法。

1) 目的与要求

①进一步理解视距测量的原理。

②练习用视距测量的方法测定地面两点间的水平距离和高差。

③学会用计算器进行视距计算。

2) 仪器与工具

①经纬仪 1 台、视距尺 1 根、2 m 钢卷尺 1 把、木桩 2 个、小钉 2 个、斧头 1 把、记录板 1 块、测伞。

②自备:铅笔、计算器。

3) 实验方法与步骤

①在地面选定间距大于 40 m 的 A，B 两点打木桩，在桩顶钉小钉作为 A、B 两点的标志。

②将经纬仪安置(对中、整平)于 A 点，用小卷尺量取仪器高 i(地面点到仪器横轴的距离)，精确到 cm，记录。

③在 B 点竖立视距尺。

④上仰望远镜，根据读数变化规律确定竖直角计算公式，写在记录表格表头。

⑤望远镜盘左位置瞄准视距尺，使中丝对准视距尺上仪器高 i 的读数 v 处(即使 $v=i$)，读取下丝读数 a 及上丝读数 b，记录，计算尺间隔 $l_{左} = a - b$。

⑥转动竖盘指标水准管微倾螺旋使竖盘指标水准管气泡居中(电子经纬仪无此操作)，读取竖盘读数 L，记录，计算竖直角 $\alpha_{左}$。

⑦望远镜盘右位置重复第⑤，⑥步得尺间隔 $l_{右}$ 和 $\alpha_{右}$。

⑧计算竖盘指标差，在限差满足要求时，计算盘左、盘右尺间隔及竖直角的平均值 l，α。

⑨用计算器根据l,α计算AB两点的水平距离D_{AB}和高差h_{AB}。当A点高程给定时,计算B点高程。

⑩再将仪器安置于B点,重新用小卷尺量取仪器高i,在A点立尺,测定BA点间的水平距离D_{BA}和高差h_{BA},对前面的观测结果予以检核,在限差满足要求时,取平均值求出两点间的距离D_{AB}和高差h_{AB}($h_{AB}=-h_{BA}$)。当A点高程给定时,计算B点高程。

⑪上述观测完成后,可随机选择测站点附近的碎部点作为立尺点,进行视距测量练习。

4)注意事项

①观测时必须有专人扶尺,并且要扶正。不允许将标尺倚放在墙上或树上,以免标尺滑倒而损坏。

②读取竖盘读数时,应注意指标水准管气泡居中。

③如果使用的仪器成像为正像,则尺间隔计算n =上丝读数-下丝读数。

④观测时,竖盘指标差应在±25′以内;上、中、下3丝读数应满足$\left|\frac{上+下}{2}-中\right|\leqslant$ 6 mm。

⑤水平距离往返观测的相对误差的限差$k_{容}=\frac{1}{300}$,高差之差的限差$\Delta h_{容}=\pm 5$ cm。

5)上交资料

①每组上交合格的视距测量记录表一份(见表2.19)。

②每人上交视距测量实验报告一份(见表2.20)。

自己提出思考题,与同学或老师探讨并定出答案。

编　号	自己所提思考题表述	探讨结果,即启示性答案

表 2.19 视距测量(或碎部测量)记录表

日期:　　　　年　　月　　日　　　　班级:　　　　小组:　　　　记录者:

测站:　　　　后视点:　　　　仪器高 i:　　　　测站高程:

观测点	视距间隔/m	中丝读数/m	竖盘度数 ° ′ ″	竖直角 ° ′ ″	高差/m	水平角 ° ′ ″	平距/m	高程/m	备注

测量人:　　　　　　记录人:　　　　　　复核人:

表 2.20 视距测量实验报告

日期： 班级： 组别： 姓名： 学号：

实验题目		成　绩	
实验目的			
主要仪器及工具			
实验场地布置草图			
实验主要步骤			
实验总结			

实验13 经纬仪钢尺导线测量

1)目的与要求

①掌握经纬仪导线的施测方法。

②每人至少观测一个转折角的水平角,主持丈量一条导线边的边长,记录一个测站的观测数据。

③每小组完成一条经纬仪闭合(附合)导线的外业测量工作。

④每人独立完成本组经纬仪导线的内业测量计算作业。

2)仪器与工具

①经纬仪1台、2 m钢卷尺1把、小钉多颗、斧头一把、记录板1块、测伞。

②自备:铅笔、计算器。

3)实习方法与步骤

(1)选点

从已知点A开始选点布设一条经纬仪闭合导线(转回A点)或附合导线(连接已知点B)。选点时要注意以下几方面:

①导线点应选在土质坚实、视野开阔,便于安置仪器、便于施测地形的地方。

②导线边应选在地势起伏不大,便于量距的地方(用测距仪可不考虑此项)。

③相邻导线点要保持相互通视。

④相邻边长要大致相等,切忌长短边的突然相接。

⑤选点后要打小钉标定并编号。

(2)观测起始边的磁方位角作为导线的定向角

(3)观测各转折角

①观测前,应在测站前后的导线目标点上插一测钎或悬挂垂球,以供照准之用。同时还应在目标桩旁竖一标杆,以便寻找目标。

②导线的转折角可用DJ6型仪器观测一测回,两个半测回所测得的水平角较差应≤35″;

附合导线一般测左角，闭合导线测内角。

(4)量边

①经纬仪导线边长可用一根钢卷尺往返丈量一次，或用两根钢卷尺各丈量一次。往返或两次丈量边长的较差的相对误差应≤1/1 500。

②导线边长分段丈量时，应先进行直线定线；当地面倾角大于1°时，应加倾斜改正；尺长改正数较大时，还应进行尺长改正。

4)注意事项

①本次实习使用的仪器、用具较多，应注意保管，随时检查，以免丢失。

②经纬仪导线测量实习项目多，任务重，各小组长必须做好统筹安排，每个同学都必须听从指挥，同心协力完成实习任务。

③若使用测距仪，应记录斜距和竖直角，或记录改算后的水平距。

5)上交资料

①每组上交合格的导线测量记录表(见表2.21)和成果处理表(见表2.22)各一份。

②每人上交经纬仪钢尺导线测量实验报告一份(见表2.23)。

自己提出思考题，与同学或老师探讨并定出答案。

编　号	自己所提思考题表述	探讨结果，即启示性答案

表 2.21 钢尺测距导线记录表

工程名称：　　　　观测日期：　　　　钢尺长度：

观 测 者：　　　　记 录 者：　　　　温度：　　　　气压：

测站 仪器高	测回	测点 目标高	盘位	水平度 盘读数 ° ′ ″	度盘平 均值 ° ′ ″	测回平 均角度 ° ′ ″	竖盘读数 ° ′ ″	指标差 ″	线段名称	观测次数	距离 $D=nl+q$ /m	平均距离 /m	相对精度
1	2	3	4	5	6	7	8	9	10		11	12	13
										往			
										返			
										往			
										返			
										往			
										返			
										往			
										返			
										往			
										返			
										往			
										返			
										往			
										返			
										往			
										返			

测量人：　　　　记录人：　　　　复核人：

表 2.22　导线坐标计算成果表

日期＿＿＿＿＿＿＿＿班级＿＿＿＿＿＿＿＿小组＿＿＿＿＿＿＿＿姓名＿＿＿＿＿＿＿＿

点号	角度观测值	改正数	改正后角度	方位角	水平距离	坐标增量		改正后坐标增量		坐　标		点号
	° ′ ″	″	° ′ ″	° ′ ″	m	ΔX/m	ΔY/m	ΔX/m	ΔY/m	X/m	Y/m	
∑												
辅助计算								导线略图：				

计算人：　　　　　　复核人：

表 2.23 经纬仪钢尺导线实验报告

日期：　　　班级：　　　组别：　　　姓名：　　　学号：

实验题目		成　绩	
实验目的			
主要仪器及工具			
实验场地布置草图			
实验主要步骤			
实验总结			

实验 14　全站仪的认识和基本操作

1)目的与要求

①学会全站仪的基本操作和常规设置。

②掌握一种型号的全站仪测距、测角、坐标测量功能。

2)仪器与工具

①全站仪 1 台、棱镜 2 块、木桩 4 个。

②自备:计算器、铅笔、小刀、计算用纸。

3)实验方法与步骤

(1)测前的准备工作

①安置仪器。将全站仪连接到三角架上,对中并整平。多数全站仪有双轴补偿功能,所以仪器整平后,在观测过程中即使气泡稍有偏离,对观测也无影响。

②开机。按 POWER 或 ON 键,开机后仪器进行自检,自检结束后进入测量状态。纵转望远镜显示窗显示水平度盘与竖直度盘的读数。

(2)全站仪的基本操作与使用方法

①水平角测量:

a. 按角度测量键,使全站仪处于角度测量模式,照准第一个目标。

b. 设置 A 方向的水平度盘读数为 $0°00'00''$。

c. 照准第二个目标 B,此时显示的水平度盘读数即为两方向的水平夹角。

②距离测量:

a. 设置棱镜常数。测距前需将棱镜常数输入仪器中,仪器会自动对所测距离进行改正。

b. 设置大气改正值或气温、气压值。光在大气中的传播速度会随大气的温度和气压而变化,15 ℃和 760 mmHg 是仪器设置的一个标准值,此时大气改正为 0。实测时,可输入温度和气压值,全站仪会自动计算大气改正值(也可直接输入大气改正值),并对测距结果进行改正。

c. 量仪器高、棱镜高并输入全站仪。

d. 距离测量。照准目标棱镜中心,按测距键,距离测量开始,测距完成时显示斜矩、平距、高差。

全站仪的测距模式有精测模式、跟踪模式、粗测模式3种。精测模式是最常用的测距模式，测量时间约2.5 s，最小显示单位1 mm；跟踪模式，常用于跟踪移动目标或放样时连续测距，最小显示一般为1 cm，每次测距时间约0.3 s；粗测模式，测量时间约0.7 s，最小显示单位1 cm或1 mm。在距离测量或坐标测量时，可按测距模式（MODE）键选择不同的测距模式。

（3）坐标测量

①设定测站点的三维坐标。

②设定后视点的坐标或设定后视方向的水平度盘读数为其方向角。当设定后视点的坐标时，全站仪会自动计算后视方向的方位角，并设定后视方向的水平度盘读数为其方位角。

③设置棱镜常数。

④设置大气改正值或气温、气压值。

⑤量仪器高、棱镜高并输入全站仪。

⑥照准目标棱镜，按坐标测量键，全站仪开始测距并计算显示测点的三维坐标。

4）注意事项

①全站仪为贵重测量仪器，在使用和运输中应特别小心，防止冲击和振动，防止日晒和雨淋，切勿将镜头朝向太阳。

②全站仪在使用前应仔细检查仪器的各项参数的设置，防止测量结果出现错误。

③装、卸电池时，务必先关仪器的电源开关。

④迁站时，仪器必须装箱。

⑤长期不用时，将电池从主机上取下。

5）上交资料

①每上交全站仪观测记录表一份（见表2.24）。

②每人上交实验报告一份（见表2.25）。

自己提出思考题，与同学或老师探讨并定出答案。

编　号	自己所提思考题表述	探讨结果，即启示性答案

表 2.24　全站仪的认识和基本操作观测记录表

日期：　　　　班级：　　　　组别：　　　　姓名：　　　　学号：

仪器型号：　　　　仪器高(m)：　　　　棱镜高(m)：

测站点：x =　　　　y =　　　　H_0 =

测点	水平方向值 ° ′ ″	水平角 ° ′ ″	距离/m	坐标/m	
				x	y
（定向点）		—	—	—	—

表 2.25 全站仪的认识和基本操作实验报告

日期： 班级： 组别： 姓名： 学号：

实验题目		成 绩	
实验目的			
主要仪器及工具			
实验场地布置草图			
实验主要步骤			
实验总结			

实验 15　GPS 认识及基本操作

1)目的与要求

①认识南方北极星 9600 型单频 GPS 接收机的各个部件。
②掌握 GPS 接收机各个部件之间的连接方法。
③熟悉 GPS 接收机界面的基本操作。
④通过实验认识南方北极星 9600 型单频 GPS 接收机并学会初步使用。
⑤通过实验加深理解全球定位系统——GPS 的概念。

2)仪器与工具

南方北极星 9600 型单频 GPS 接收机 1 台、脚架 1 个、电池 2 块、基座 1 个、2 m 钢卷尺 1 把。

3)实验方法与步骤

(1)9600 型 GPS 接收机充电及电源装卸
①打开 9600 主机背面的电池后盖,如图 2.7 所示。
②将电池后盖打开后取出锂电池(如图 2.8 所示),然后用配套充电器充电。

图 2.7　装卸电池第 1 步

图 2.8　装卸电池第 2 步

(2)熟悉 GPS 接收机后面接口的作用
GPS 接收机后面的外部端口为 COM 口,可作为通讯端口,在接收机同 PC 或控制器间通过电缆交换信息。
(3)操作界面的介绍

打开 9600 主机电源后进入程序初始界面，初始界面如图 2.9 所示。

①初始界面中模式的选择。

初始界面有 3 种模式：智能模式、手动模式、节电模式。还有一个数字递减窗口，至零后就将进入主界面，若未在智能模式、手动模式、节电模式 3 种方式中选择一种模式，则自动进入默认智能模式主界面，也可按下对应键进入某一模式。

图 2.9　南方北极星 9600 型接收机显示面板

• 智能模式　相当于带液晶显示屏的“傻瓜机”采集。在该状态下，9600 型可根据采集条件判断满足采集条件后，自动进入采集状态（例如：PDOP <6，3D 状态）。在采集数据的同时，我们可通过液晶显示屏查看卫星星历和分布情况。

• 手动模式　在该状态下需要人工判断是否满足采集条件，一般采集条件要求 PDOP <6，定位状态为 3D，在显示屏上看到满足条件后就可输入点号以及时段号，让接收机进入采集状态。

• 节电模式　该种模式相当于完全傻瓜机采集模式，9600 型可根据采集条件判断自动进入采集状态（例如：PDOP <6，3D 状态）。在选择这种模式后，液晶显示屏关闭，仅靠指示灯来指示采集状态。

显示屏上方 3 个指示灯依次为电源灯、卫星灯、信息灯。

若正在使用 A 电池，则电源灯为绿灯；若正在使用 B 电池，则电源灯为黄灯；若 A，B 电池均不足，则电源灯变为红色，此时应更换电池。

未进入 3D 状态时，信息灯每闪烁 *N* 次红灯，则卫星闪烁一次红灯（*N* 表示可视的卫星数）进入 3D 状态后，开始记录，此时信息灯闪烁 *M* 次绿灯，卫星灯闪烁一次绿灯（*M* 表示采集间隔，即每隔 *M* 秒记录一次数据）。

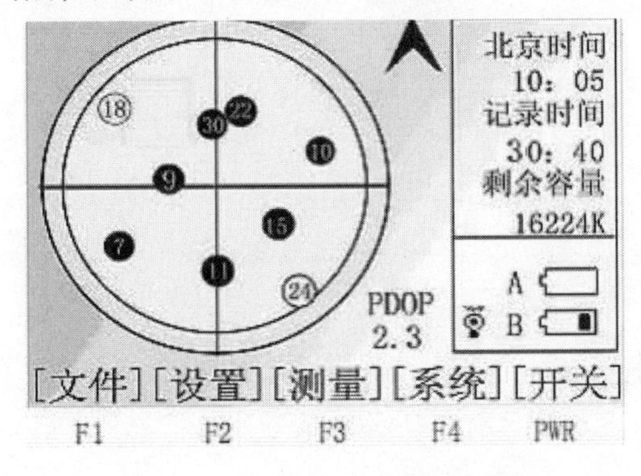

图 2.10　9600 型文件系统主界面

②系统界面。选手动或智能模式后进入主界面，如图 2.10 所示。主界面分 3 大部分：

• 卫星分布图　显示天空卫星分布图，锁定的卫星将变黑，只捕捉到而未锁定的可视卫星为白色显示，越是接近内圈中心的卫星高度截止角越高，越远离内圈中心的卫星高度截止角越低，并且卫星几何精度因子值 PDOP 也在该界面下显示，如 PDOP 值为 2.3。

• 系统提示框（在任何界面状态，该右项框都会显示）

北京时间：显示当地标准北京时间。

记录时间：显示采集进入后已记录采集 GPS 星历数据的时间，单位为分钟：秒，如显示

30:40,表示数据已记录30分钟40秒。

剩余容量:表示还有多少内存空间,如显示16224 K,则内存大约还剩下16 MB。

采用的电源系统及电量显示。如图2.10所示,现在使用的电源系统是B号电池,电池的容量为1/3。

• 功能项　要进行功能项的操作请选择各功能项下面所对应的按键,如要进入“文件”功能则选择F1键。下面将对每个功能进行介绍。

①按F1键进入“文件”功能的操作界面,如图2.11所示。

点名	开机时间		结束时间
➤ ****	02·08·20	16:50	16:52
****	02·08·20	16:53	18:14
****	02·08·23	09:51	18:14
****	02·08·23	08:53	10:15

文件总数 04　页1

[⇩][⇧][↓][删除][返回]

F1　F2　F3　F4　PWR

图2.11　9600型“文件”子界面

在文件项里可查看已采集数据的存储情况。文件排序是按照采集时间的先后顺序排列的,点名为“＊＊＊＊”,则是傻瓜采集方式采集的点名默认;开机时间和结束时间分别是2002年8月20日16点50分和18点14分。若是人工方式采集,文件名将显示用户输入的点名。

用F1键“⇩”向下翻页(当采集数据太多时需要翻页查看);用F2键“⇧”向上翻页(当采集数据太多时需要翻页查看);用F3键“↓”选择每一页当中的某一个文件。如果要删除某个文件用F3键选择(当然这个数据要已经传输到电脑上),黑色光标会指示当前所要操作的文件,用F4键来删除这个文件;PWR键返回主界面。

②按F2键进入“设置”功能的操作界面,如图2.12所示。

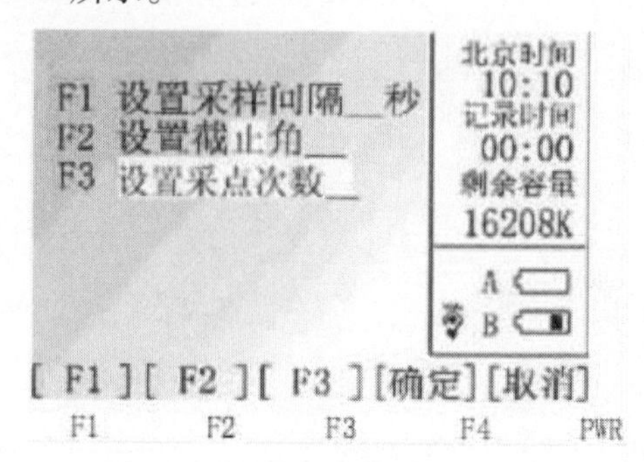

图2.12　9600型“设置”子界面

F1键:用于设置采集间隔,出厂时默认为10。连续按F1键,可改设置采集间隔值由1 s到60 s(变化间隔为5 s)。

F2键:设置高度截止角,出厂时默认为10。连续按F1键,设置高度截止角由0°到45°可改(变化间隔为5°)。

F3键:设置采点次数,次数为3次,则表示采3个点取一个平均值。若设置采集间隔5 s,采点次数3次,则每一个点上需测15 s。

F4键:“确定”以上设置后,用F4键确定,否则退出后还是以前的设置而非当前设置值;

特别注意:同时工作的几台9600型主机高度截止角、采集间隔最好保证一致,即设置值相同。

PWR键“取消”:返回主界面。

③按F3键进入“测量”功能的操作界面,如图2.13所示。

有状态、卫星、点名(采集)、返回、记录图标5个子项:

F1 键“状态”:显示单点定位的经纬度坐标、高程和精度因子 PDOP 值 、定位状态、锁定卫星数目、可视卫星数,如图 2.14 所示。

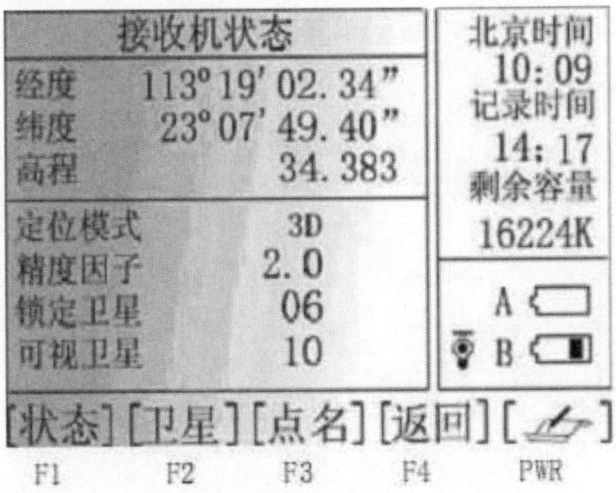

图 2.13　9600 型“测量”子界面

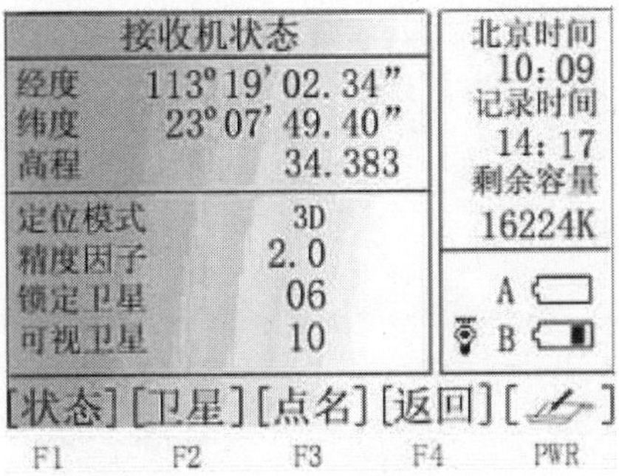

图 2.14　9600 型“状态”子界面

F2 键“卫星”:显示卫星号和卫星信躁比,如图 2.15 所示。

F3 键“点名”:在智能模式下该项显示点名,在人工模式下显示采集,如图 2.16 所示。

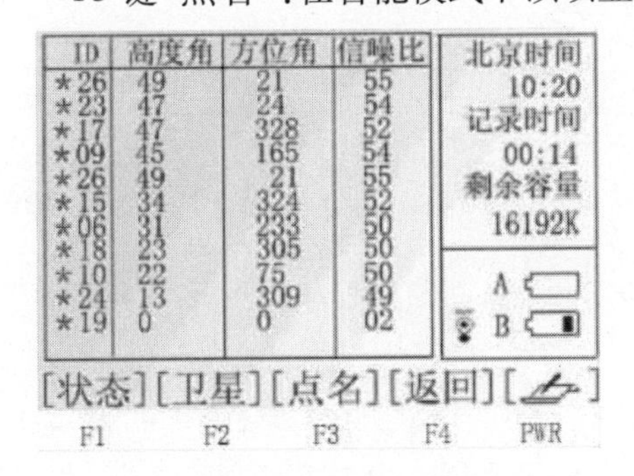

图 2.15　9600 型“卫星”子界面

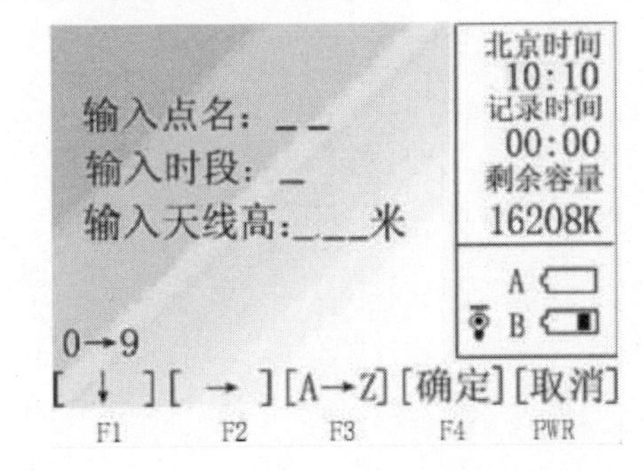

图 2.16　9600 型“点名”子界面

在图 2.16 中,用户可以输入测站的相关信息,如测站的点名、测站采集的时段号、测站的天线高。

测站的点名:所架设仪器的点名(点名可以输入 0 ~ 9,A ~ Z 一共 36 个字符); 时段号:根据采集的控制点取测量时段,要求某一控制点没有搬站时,应该取相同的文件名,不同的时段号。例如:某一控制点上架站文件名为 GPS1,时段号取 1,第一个同步时段测完后该站没有搬站,则第二个时段还是取文件名为 GPS1,时段号取 2(时段号只能输 0 ~ 9)。

天线高:架站时的仪器高(请用卷尺量过后输入,同天线高输入方法量测),天线高只能输入小于 10 的数字。

输入方法介绍: F1 键用来在字符段下选取某一字符; F2 键用来移动光标; 连续用 F3 键选择不同的字符段 0 ~ 9,A ~ G,H ~ N,O ~ U,V ~ Z。

下面以点名 GPS1 为例介绍:

a. 用 F3 键选择 A ~ G 字符段(“点名”子界面的左下角会有 A ~ G 显示)。

b. 用 F1 键在 A ~ G 字符段再选择单个字符 G,第一个字母 G 就输入进去了。

c. 用 F2 键移动光标。

d.重复a.～c.步,直到GPS1输入完成。

e.然后用F4键“确定”。

光标移到“输入时段”,按照以上输入方法输入对应的时段号,F4“确定”。光标移到“天线高”,输入测站的天线高,F4“确定”,返回到主界面。

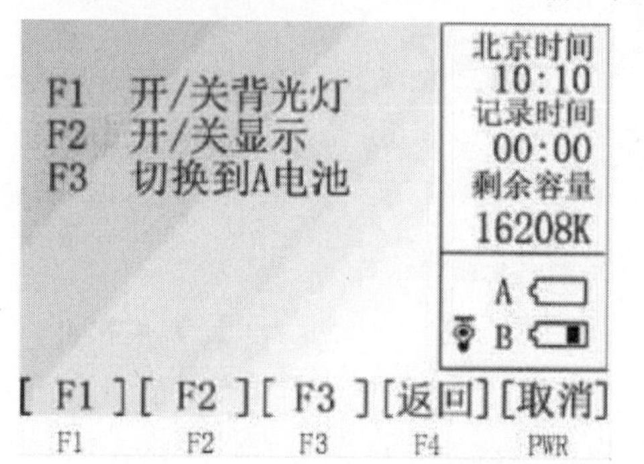

图2.17 9600型“系统”子界面

④按F4键进入“系统”功能的操作界面,如图2.17所示。

F1键:开/关背光灯;

F2键:开/关显示;

F3键:切换到A或B电池,即在两块锂电池之间切换;

F4键:返回主界面。

⑤长按PWR键关机。

4)注意事项

①本实验项目根据实际教学安排情况,可以不单独做,在综合实习前期培训中完成。

②GPS南方北极星9600新特点:南方北极星9600型是智能一体化的GPS接收机,没有电缆,没有外接电池,没有天线,任何东西都已内置在一个小小的主机壳里,宽大的液晶显示屏还可以在采集数据时查看星历情况、卫星分布。该机适合于不同层次用户,既可当傻瓜机使用,也可使用内置采集器来进行GPS数据采集工作。另外,采用双电源系统,可以自动切换到另一块电池中供电,从而保证不间断测量工作。9600型GPS接收机内存高达16 M,能连续存储约20 d的采集数据。

③组成:9600型GPS测量系统可分为硬件、软件两个部分。硬件包含9600接收机(内置测量型天线及抑制多路径板)原装进口OEM板和CPU、9600单片机内置采集器(内置采集软件)、可充电电池及充电器、铝或木三脚架、数据传输电缆。软件包括数据传输软件(计算机与9600主机通讯软件)、GPS数据处理系统(包含基线向量处理、闭合差自动搜索、网平差、高程拟合以及图形输出等功能)。

④为达到高精度的大地测量要求,9600型GPS测量系统采用静态相对定位模式。此时外业部分需两台或两台以上GPS接收机。同时,为方便野外观测,提高野外作业的效率,建议用户在条件许可下配置更多GPS接收机。9600型GPS测量系统还可扩展成后差分测量系统。精度可达±0.1～±1 m,精度与作用距离成反比。

⑤测量系统的基本配置,见表2.26。

表 2.26　测量系统的基本配置

配置名称	数　量
9600 型 GPS 接收机（含仪器箱）	1 台
可充电锂电池	2 个
充电器	1 个
基座及对点器	1 套
数据传输电缆线	1 根/套
《9600 型 GPS 测量系统操作手册》	1 本
三脚架或对中杆	1 副

5）上交资料

由于其设备特殊性，认识而不采集数据，可不提交实验报告。

自己提出思考题，与同学或老师探讨并定出答案。

编号	自己所提思考题表述	探讨结果，即启示性答案

实验 16　经纬仪测绘法测绘地形图

1）目的与要求

①测量学是一门技术基础课，又是一门实践性很强的学科。课堂上所学理论知识较分散、零星和不牢靠，为了进一步把所学知识系统化，并在已有基础上有所巩固、有所提高，使理论紧密联系实际，特安排了经纬仪测绘地形图的实习。

②每小组完成面积为 200 m×200 m 的 1∶500 地形图的测绘任务。

③要求每位同学对每一个环节要心中有数，达到会测、会算、会绘，掌握坐标、高程的计算

及控制点展绘。各个环节均有自己的合格成果。

④实习小组,以5~7人为一小组。每小组选组长和副组长各一人,组长负责全组工作开展,副组长主要职责是保护仪器。

2)仪器与工具

①经纬仪(配三脚架)、视距尺(即水准尺)、钢卷尺、测图板(配三脚架)、标杆1根、量角器、大头针、记录板、雨伞、钉子、油漆、两脚规、钢尺(或直尺)。

②自备:铅笔(4H或2H)、小刀、橡皮、计算器。

3)实验方法与步骤

测绘地形图可分为测图控制测量和以测图控制点为基础的碎部点测量两个过程。

(1)测图控制测量

在测区进行测图时,为了保证精度,测量规范规定:按比例尺不同,每幅应有一定密度的测图控制点。本次实习采用经纬仪导线测量方法来加密测图控制点。

下面分两种情况来说明怎样布设测图控制网。

第1种情况:当测区内有已知控制点 A 时,可利用 A 点的平面坐标(x_0,y_0)及 A 点至另一已知点 B 的坐标方位角 α_{AB} 以及 A 点的高程 H_A 为起始数据,根据测图范围和地形情况,布设一闭合导线。

第2种情况:当测区内无已知控制点时,则由教师在测区范围内选定一地面点,并假定该点的平面坐标值和高程作为起始数据,根据测图范围和地形情况,按第一种情况以相同方法布设一闭合导线,然后用罗盘仪测出第一条导线边的磁方位角(或假定一个方位角)来代替该边的坐标方位角。由于起始点的坐标和高程是假定的,它与国家控制网没有联系,因此,这种布置形式称为独立测图控制网。

测图控制测量的程序:

①踏勘、选点。在教师指导下,选点和踏勘同时进行。选点时应注意下列几点:

a.导线点应选在视野开阔、土质坚硬、便于安放仪器及便于观察地形的地方。

b.相邻导线点应互相通视,便于测角,边长应大致相等,不超过100 m,均匀地分布在全测区内。

c.木桩应先编上号码,点选定后,绘出选点略图(即点之记),写上点号,图上画出北方向。对独立导线网,还应测出一条导线边的磁方位角。

②导线夹角测量(包括定向角),即角度测量。

a.观测前的准备。熟悉经纬仪导线测量的方法、记录格式和观测精度等要求。

b. 水平角观测。对于闭合导线,要观测各内角及一个连接角,以测回法观测。每个角测两个测回的合格成果,取其平均值作为最后结果。

对中误差不超过 5 mm;整平误差气泡偏离中心不超过一格。若两测回中同一角值之差不超过 ±40″,即可取平均值作为最后的角值。全导线角度闭合差的允许值为 $\pm 40''\sqrt{n}$ (n 为导线角个数)。

③导线边长测量,即距离测量。利用钢尺丈量各个边的边长。

④导线点高程测量,即水准测量。根据水准测量的原理,测出各段高差,并进行成果处理。

注意,边长、水平角及高差观测的误差界限,可按下式计算:

$$\frac{|S_{ij} - S_{ji}|}{S} \leqslant \frac{1}{150}$$

$$f = \beta_1 + \beta_2 + \cdots + \beta_n - (n-2) \times 180 \leqslant \pm 40''\sqrt{n} (n \text{ 为测站数})$$

$$\Delta h = \pm \frac{0.15[s]}{\sqrt{n}} = \left| |h_{ij}| - |h_{ji}| \right| \leqslant 0.15D(\text{m}) \quad (\text{式中},D \text{ 以百米计})$$

⑤闭合导线的计算。

其限差如下:

a. 导线全长相对闭合差 $k = \frac{f_s}{[s]} \leqslant \frac{1}{300}$。式中 $f_s = \sqrt{f_x{}^2 + f_y{}^2}$ 为绝对闭合差;$[s]$ 为导线全长。

b. 导线高程闭合差 $\Delta h \leqslant \pm \frac{0.15[s]}{\sqrt{n}}$,式中 $[s]$ 以百米计,n 为导线边数。

⑥注意事项。

a. 观测导线角度时,必须将标杆直立于导线点的中心上,瞄准时应以竖丝平分标杆底部。

b. 观测竖角时,每次读数都要使竖盘指标水准管的气泡居中,竖角、高差必须注明正负号。

(2)测图前的准备工作

测图前的准备工作分裱糊图纸、绘制坐标格网以及展绘控制点 3 项工作。

①裱糊图纸。图纸的大小应根据测区的面积来定。裱糊时,将图纸平整铺在平板上,然后用胶布粘在图纸四边上,即为测图板。

②绘制坐标格网。为了准确地展绘图根点,要求先将图纸绘制成 10 cm × 10 cm 的坐标格网,常用对角线方法来绘制,其步骤如下:

a. 先在图纸上用铅笔(硬度为 3H ~4H)轻轻画出两条对角线。

b. 以对角线的交点为圆心,用两脚规以略大于图廓对角线(测图面积所圈成的图廓线,如图廓线为 30 cm,则对角线长度为 $30\sqrt{2}$)长的一半为半径,画圆弧与对角线相交于 A,B,C,D 4

点，连接这4点即为一矩形。

c. 在 AB 和 DC 边上，分别从 A 点和 D 点开始向上每隔10 cm量取四分点。

d. 同c，从 A，B 点起始向右每隔10 cm量取五分点，将上下两边和左右两边相对应的分点一一连接起来，即构成坐标网，如图2.18(a)所示。

e. 精度要求：各格网顶点应位于一直线上，各边长应相等，其差不得超过0.2 mm。

f. 在纵横坐标线上注以坐标值，即构成坐标格网。

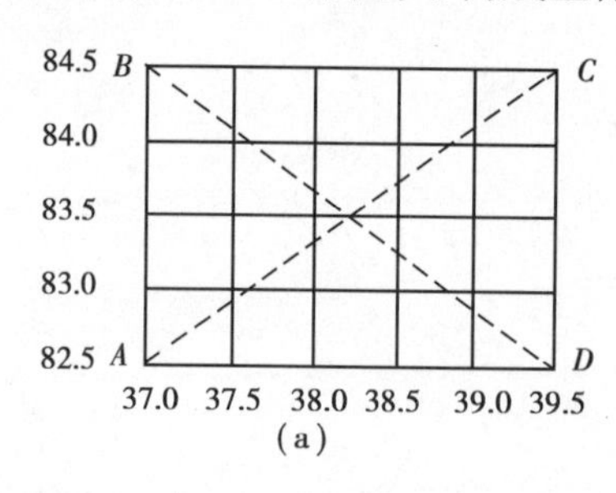

(a)

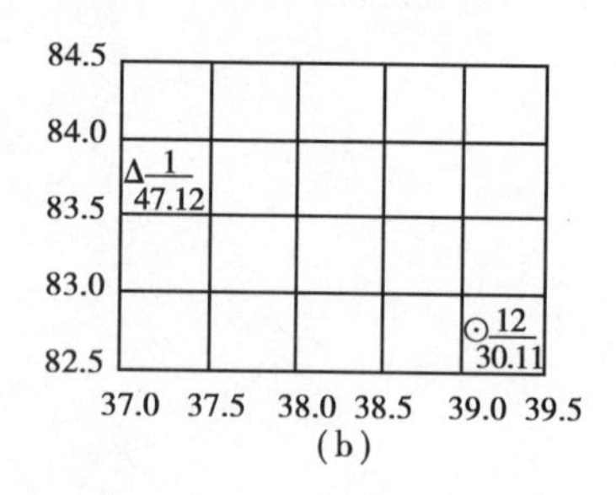

(b)

图2.18　方格网绘制示意图

③展绘控制点。

a. 坐标格网打好后，根据控制点的坐标值，先确定所在方格，然后计算出对方格的坐标差数 Δx 和 Δy，按比例在格网的相对边上量取与坐标差数相等的距离。最后将对应点连接相交即得该点的位置。

b. 精度要求：图上相邻两点的边长与所给对应边长之差，在图上不得超过0.2 mm。检查合格后，即可进行下面工作。

c. 注上点的高程(取至cm)及点名，如三角点为 $\Delta\frac{1}{47.12}$（式中，横线上的"1"表示点号或点名；横线下的"47.12"表示该点的高程；横线长为1 cm），导线点为 $\odot\frac{12}{30.11}$（式中，符号大小为3 mm，点名及字高3 mm），如图2.18(b)所示。

(3)测绘地形图

测图比例尺为1∶500，等高距为1 m(应根据地形情况由指导教师确定或自己查阅资料确定)，在划定的测图范围内，以各控制点为测站，用极坐标法测定一定数量的地物、地貌特征点，并用符号表示出该地区的地物位置及地形起伏情况，即绘成地形图。

测绘地形图的程序分为：选点、观测、记录与计算、绘图及检核。

①选点。

a. 地形点应选在地物转折、拐角处，如房屋的三个角、道路的拐弯处。最远碎部点离测站不得超过80 m。带状地物其宽度画在图上，如大于0.5 mm时，需测两边或测一边并量其宽度。

b. 地貌点应选在方向、坡度变化处。

c. 在1∶500比例尺图上，要求相邻两点间的距离不大于3 cm，根据地形情况及覆盖度，可酌情增减其密度，但在每个方格图幅中不少于15个碎部点。

d. 在每个测站点上，立尺员应草绘选点示意图，以供绘图员参考。

②观测。

a. 在测站上安置经纬仪，对中误差不超过5 mm。整平仪器时，水准管气泡偏离中心不超过1格。

b. 仪器高量至cm。

c. 以盘左位置后视定向，即在另一个较远的已知点上竖立标杆，转动照准部，精确瞄准标杆，转动水平度盘变换手轮使读数为0°00′00″，然后关上度盘变换手轮的保险。

d. 在碎部点上竖立水准尺，然后对三丝读数，读至毫米，水平角读至1′，竖直角读至1′(竖盘读数时应使指标水准管气泡居中)。

e. 每测定20个碎部点后，必须检查一次零方向，其差不得超过4′。对零方向超过4′的碎部点，要重新观测。

③记录与计算。

a. 一切测量数据必须按原始观测值记录于表格内，不得人为凑数、涂改或用橡皮擦拭。

b. 测量碎部点时，上下两丝读数之平均数与中丝读数之差，不得大于6 mm。

c. 碎部点高程计算至厘米(cm)，注记至厘米(cm)，水平距离取至分米(dm)。

④绘图。

将图板架在测站附近，根据已知边将图板定向，以便在展点和绘图时对照实地进行检查。绘图直接在图板上进行。首先在图纸上轻轻画出方向线，然后根据记录员报的数据将点展绘到图上，并注记高程。

半圆仪的使用：半圆仪的刻划分角度刻划与长度刻划。角度刻划从0°~180°，最小刻划为15′，0°~180°用黑色线画，180°~360°用红色线画；长度刻划以圆心为中点向右0~8 cm(黑色刻划)，向左0~8 cm(红色刻划)，最小刻划1 mm。使用时，黑色角度刻划对应黑色长度刻划，红色角度刻划对应红色长度刻划。例如：某一碎部点的水平角读数为30°30′，水平距离为50 m，测图比例尺为1∶500。将此点展绘在图上，其方法如下：将图上零方向对准半圆仪黑色刻划30°30′，在黑色长度刻划一端对准100 mm刻划用铅笔垂直点下，该点就是相应的地面点，然后注记上高程。

绘图注意事项：

a. 以高程数字的小数点代替碎部点的位置，高程在图上注记至cm，字头一律朝北，字的大小不超过0.3 cm。

b. 勾绘等高线要在现场进行，测一块绘一块，地物应及时用符号绘出。

c. 绘图时，应注意经常对照实地，检查所测之点是否正确。

d. 注意图面的整洁美观。

⑤检查。

为了保证测图质量，必须对所测图进行检核。野外检查方法比较多，这里只介绍两种方法：

a. 巡视法。带着原图到实地进行对照，检查所测地物有无遗漏，等高线是否客观地反映地形的特征。

b. 散点法。在图幅范围内选择主要测站，重新测定其周围的碎部点，以检查所绘的图是否正确。要求平面位置在图上位移不超过 1 mm，主要地物则不超过 0.5 mm，高程视坡度而定。

坡度为：

0°~7°时，其差不超过等高线间距的 1/4；

7°~14°时，其差不超过等高线间距的 1/2；

14°~20°时，其差不超过等高线间距的 3/4；

在地形复杂地区，可按上述标准放宽 1 倍。

⑥清绘与整饰。

a. 清绘是指用铅笔仔细描绘图内一切符号。一般先描绘地物再描绘等高线，并要求按照统一符号描绘。用软橡皮擦去图上无用线条与污点。

b. 清绘时要一片一片地逐片进行，边擦边描绘，要耐心细致。

c. 计曲线的线划粗 0.3 mm，基本等高线线划粗 0.15 mm。等高线注记仅在计曲线上写出高程，书写文字时，字头向着山顶且尽量朝北。

d. 注记要统一，字头一律向北，字的大小不超过 0.3 cm。

e. 整饰是根据格式绘出内、外图廓线，比例尺和正北方向，用等线体字写出图的坐标值、图名、坐标系统、高程系统、绘图日期、测量员姓名等。

4）注意事项

①见各个分项内容中的注意事项。

②相关表格见实验 12 和实验 13。

5）上交资料

①按小组提交一套野外观测记录手薄。

②按小组提交控制成果处理表。

③按小组提交一份合格的地形图。

自己提出思考题，与同学或老师探讨并定出答案。

编　号	自己所提思考题表述	探讨结果，即启示性答案

实验 17　施工放样认识及基本操作

1) 目的与要求

①练习用一般方法测设水平角、水平距离和高程，以确定点的平面位置和高程位置。

②测设限差：水平角不大于 40″，水平距离的相对误差不大于 1/5 000，高程不大于 10 mm。

2) 仪器与工具

①DJ6 型光学经纬仪、DS3 型水准仪各 1 台，钢卷尺 1 把，水准尺 1 根，记录板 1 块，斧头 1 把，木桩、小钉、测钎数个。

②自备：铅笔（4H 或 2H）、计算器。

3) 实验方法与步骤

(1) 布置场地

每组选择间距为 30 m 的 A，B 两点，在点位上打木桩，桩上钉小钉，以 A，B 两点的连线为测设角度的已知方向线，在其附近再布置一个临时水准点，作为测设高程的已知数据。

(2) 确定点的平面位置

测设水平角和水平距离，以确定点的平面位置（极坐标法）。设欲测设的水平角为 β，水平距离为 D。在 A 点安置经纬仪，盘左置水平度盘为 0°00′00″，照准 B 点，然后转动照准部，使度盘读数为准确的 β 角；在此视线方向上，以 A 点为起点用钢卷尺量取预定的水平距离 D（在一个尺段以内），定出一点为 P_1；盘右，同样测设水平角 β 和水平距离，再定一点为 P_2；若 P_1，P_2 不重合，取其中点 P，并在点位上打木桩、钉小钉标出其位置，即为按规定角度和距离测设的点位；最后以点位 P 为准，检核所测角度和距离，若与规定的 β 和 D 之差在限差内，则符合要求。

平面点位测设数据：假设控制边 AB 起点 A 的坐标为 $X_A=56.56\ \text{m}$，$Y_A=70.65\ \text{m}$，控制边方位角 $\alpha_{AB}=90°$。已知建筑物轴线上点 P_1，P_2 设计坐标为：$X_1=71.56\ \text{m}$，$Y_1=70.65\ \text{m}$；$X_2=71.56\ \text{m}$，$Y_2=85.65\ \text{m}$。

（3）测设高程

设上述 P 点的设计高程 $H_i=H_{水}+a$，同时计算 P 点的尺上读数 $b=H_i-H_P$，即可在 P 点木桩上立尺进行前视读数。在 P 点上立尺时标尺要紧贴木桩侧面，水准仪瞄准标尺时要使其贴着木桩上下移动，当尺上读数正好等于 b 时，则沿尺底在木桩上画横线，即为设计高程的位置。在设计高程位置和水准点立尺，再前后视观测，以作检核。

高程测设数据：假设点 1 和点 2 的设计高程为 $H_1=50.000\ \text{m}$，$H_2=50.100\ \text{m}$。

4）注意事项

①测设完毕要进行检测，测设误差超限时应重测，并做好记录。

②施工放样要注意测设要素的计算，关键在于计算准确。

5）上交资料

实验结束后，每人上交点的平面位置测设记录表（见表 2.27）、高程的测设记录表（见表 2.28）各一份。

自己提出思考题，与同学或老师探讨并定出答案。

编号	自己所提思考题表述	探讨结果，即启示性答案

表 2.27　水平角测设数据记录表

日期__________班级__________小组__________姓名__________

(1)测设水平角数据表

测站	设计角值 ° ′ ″	竖盘位置	目标	平盘读数 ° ′ ″	备　注
		左			
		右			
		左			
		右			

(2)水平角检查测量

测站	竖盘	目标	平盘读数 ° ′ ″	角　值		备　注
	左					
	右					

测量人：　　　　记录人：　　　　复核人：　　　　教师：

表 2.28　已知高程的测设数据记录表

日期＿＿＿＿＿＿班级＿＿＿＿＿＿小组＿＿＿＿＿＿姓名＿＿＿＿＿

测点	水准点号	水准点高程	后　视	视线高程	测点编号	设计标高	桩顶应读数	桩顶实读数	桩顶填挖尺数	备　注

测量人：　　　　记录人：　　　　复核人：　　　　教　师：

3　工程测量学实验指导

3.1　工程测量学实验特点

工程测量学是测绘学科的一门专业课程，通过本课程的学习，将了解并掌握工程测量学的基本理论、技术和方法，工程建设在勘测规划设计、施工建设和运营管理阶段的测量工作，工程控制网的布设理论与方法，各种施工放样方法，工程建筑物的变形监测与分析，各种典型工程如线路、桥梁、隧道、水利枢纽工程以及工业与民用建筑等的测量工作，工程建设中的测量信息管理，GPS、RS、GIS在工程测量中的应用等知识。

工程测量学实验是巩固和深化理论知识的重要手段，是理论与实践有机结合的重要环节，是培养专业测量工作者动手能力、严谨的实践科学态度和工作作风不可替代的训练环节。通过实验，使学习者熟悉各种工程测量的计算原理和施工放样方法，熟练掌握它们的处理方法，具有较强的计算能力和施工测量技能，并学会正确识图、用图，能够利用地形图和有关资料进行规划设计、面积量算及其他建设生产过程。通过实验，提高学习者实际施工放样操作技能和分析问题、解决问题的能力，为从事相关工作打下基础。

实验的目的主要有两个方面，其一是巩固和加深对理论知识的理解；其二是学习各种工程测量的计算原理，本书主要以道路施工测量为主，同时解决在各类土木工程建设中需掌握的测绘计算方法和施工测量技能，培养学习者动手、实践能力，为学习者从事土木工程勘测、设计、施工、管理奠定基础。

工程测量学实验的基本特点是部分施工放样实验需要计算数据，且都是集体项目，各项实验要分组在室外进行，作业环境差、易受气候等外界因素的影响。工程测量学实验要求学习者具有严肃、认真、求实和团结协作的科学态度，在实验过程中要积极主动严格按照要求进行各项实验，对实验数据的计算必须准确可靠且有验证计算，记录要整洁、准确和全面，每次实验结束要求提供实验报告。

工程测量学课程内容分为全站仪操作和道路曲线施工放样两个主要知识模块，相应地设置有14个工程测量学实验，具体设置见表3.1。在学习过程中，根据实验设备条件有选择性地进行实践。

表3.1　工程测量学实验项目统计及所属模块分类

所属模块	编　号	实验内容	学　时	性　质
全站仪操作	1	CASIO fx-4850P 计算器的认识与使用	2	必做
	2	全站仪三维坐标测量	2	必做
	3	全站仪三维坐标放样	2	必做
	4	高程测设	2	必做
	5	全站仪自由设站法测设曲线	2	必做
各类曲线放样	6	线路纵断面测量	2	必做
	7	线路横断面测量	2	必做
	8	圆曲线主点测设	2	必做
	9	圆曲线详细测设——偏角法	2	必做
	10	圆曲线详细测设——切线支距法	2	必做
	11	切线支距法测设带有缓和曲线段的圆曲线	2	必做
	12	用偏角法测设带有缓和曲线段的圆曲线	2	必做
	13	用全站仪进行道路边桩的测设	2	必做
	14	道路曲线综合测设	2	选做

3.2　工程测量学实验项目

实验1　CASIO fx-4850P 计算器的认识与使用

1)目的与要求

①掌握 CASIO fx-4850P 计算器的基本功能，并能编制简单的程序。

②初步掌握 CASIO fx-4850P 计算器的使用方法。

③重点掌握 CASIO fx-4850P 计算器程序的编写。
④实现坐标正反算程序的编制。

2)仪器与工具

仪器室借领:CASIO fx-4850P 计算器一台(含说明书)。

3)实验方法及步骤

(1)计算器的界面

计算器的基本界面如图 3.1 所示,由图中可看出,两种计算器的界面基本一样,它们主要的区别是内存不一样。

(2)计算器的开关机

计算器开机按下 AC/ON 键位即可,关机按 SHIFT AC/ON 键位即可。

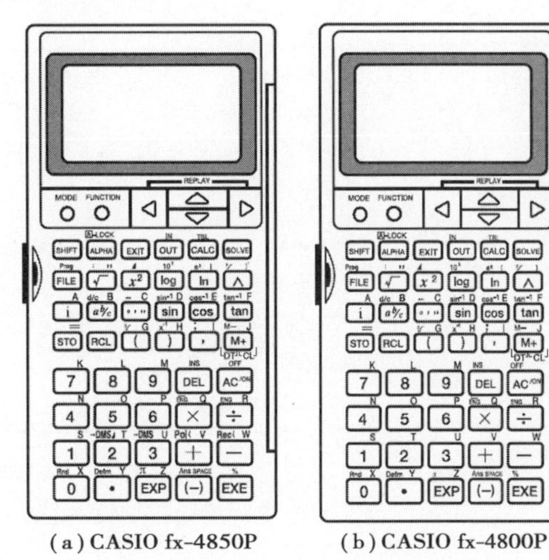

(a) CASIO fx-4850P　(b) CASIO fx-4800P

图 3.1　CASIO 计算器界面图

(3)计算器的基本操作方法

计算器的基本操作方法见表 3.2 ~ 表 3.5。

表 3.2　CASIO fx-4850P 按键操作方法

序　号	功　能	颜　色	按键及模式
①	M +	白　色	M+
②	M −	橘黄色	SHIFT M+
③	J	红　色	ALPHA M+
④	DT	蓝　色	M+ ,在 SD 及 LR 模式中
⑤	CL	橘黄色 在蓝色括号中	在 SD 及 LR 模式中:SHIFT M+

表 3.3　CASIO fx-4850P 状态行显示意义

指示符	含　义
S	按下 SHIFT 键后出现,表示将输入键上方橘黄色字符所标的功能
A	按下 ALPHA 键后出现,表示将输入键上方红色字符所标的字母或符号
D	选用"度"作为角度计算单位

续表

指示符	含　义
R	选用“弧度”作为角度计算单位
G	选用“梯度”作为角度计算单位
SD	单变量统计模式
LR	双变量统计模式
BASE-N	进行二、八、十、十六进制数值计算或相互转换模式
FIX	指定显示小数位数有效
SCL	以科学显示数值有效
ENG	以工程显示数值有效
Disp	当前显示的数值为中间结果
⬆⬇	显示一列数据时出现，表示当前显示屏的上或下有数据
⬅➡	表示数据跑出了当前显示屏的左边或右边

表 3.4　CASIO fx-4850P 模式菜单的意义

模式选项	意　义
COMP	普通四则计算和函数计算
BASE-N	二进制、八进制、十进制、十六进制的变换及逻辑运算
SD	单变量统计计算
LR	双变量统计计算(回归)
PROG	定义程序名，在程序区域中输入、编辑和执行程序
an	递归计算
CONT	显示与调整屏幕对比度
RESET	复位操作

表 3.5　CASIO fx-4850P 功能菜单的意义

功能选项	意　义
MATH	内藏积分、微分、求和、极坐标、直角坐标等计算功能
COMPLX	复数计算函数
PROG	程序命令
CONST	内藏 20 个常用科学常数，如真空中的光速、万有引力常数、重力加速度等

续表

功能选项	意 义
DRG	设置角度单位:十进制度、弧度、梯度及其相互转换
DSP/CLR	指定数据显示格式/清除存储器内容
STAT	在单变量或双变量统计模式下,用于叫出指定内容的计算结果
RESULTS	在单变量或双变量统计模式下,用于叫出全部计算结果

(4)程序名的登录、修改

①程序名登录操作步骤:按下 MODE 键位,选择 5. PROG ,在 Program menu 菜单中选择 1. NEW 子菜单,然后输入文件名称后按下 EXE (或者 EXIT),此后会进入 PGM:文件名 菜单,选择 1. COMP 进入编辑状态,选择 5. Save formula 保存文件名称。

②程序名修改操作步骤:按下 MODE 键位,选择 5. PROG ,在 Program menu 菜单中选择 3. EDIT 子菜单,找到要进行修改的文件名(处于编辑状态 Program EDIT),把光标指向它,然后按下 FUNCTION 键位,在菜单 File Commands 中选择 2. RENAME ,然后输入新的程序名称。

(5)程序的编辑和修改

①程序内容编辑操作步骤:按下 MODE 键位,选择 5. PROG ,在 Program menu 菜单中选择 3. EDIT 子菜单,找到已经建立好并要进行编辑的文件名,然后按下 EXE 键位,便进入编辑状态。

②程序内容修改操作步骤:进入编辑状态移动光标(▲ ▼ ▶ ◀)在要修改之处,进行修改。若要修改错误内容则按下 DEL 键位,便可删除错误字符;要插入内容,按下 SHIFT DEL 键位,输入新内容即可。

(6)程序内容的输入

①直接输入方式:键位上的字符便可直接输入,如输入数字 8,则按下键位 8 即可。

②键位下符号输入方式:如输入“Prog”为按下 SHIFT FILE 键位便可(颜色对应橙色);输入“J”为按下 ALPHA M + 键位便可(颜色对应红色)。

③函数调用输入方式:如输入“Fix”为按下 FUNCTION 键位,选择菜单 6. DSP/CLR ,然后选择 1. Fix 便可。

④程序内容输入的特殊方式说明:

首先让我们区分“合成独立符号”和“一般符号”的概念。

一般符号，只有一个字母（或数字、单个符号）的符号。关于这一点，用户是不容易输错的，例如 A，B，C，[，0，1，2……

合成独立符号，由两个及以上字母（或数字、一般符号）符号合成组合而成，同时表示一个意思（执行一种操作）的符号。关于这类符号，用户是容易输错的。CASIO 计算器的主要合成独立符号见表 3.6。

表 3.6 合成独立符号简表

序 号	合成独立符号	作 用
1	Abs	选此项输入一个数可得到其绝对值
2	Frac	选此项输入一个数可得到分数部分
3	Pol (	直角坐标→极坐标转换
4	Rec (	极坐标→直角坐标转换
5	Goto	条件转移命令
6	Lbl	标记命令
7	Fix	指定小数位数
8	Deg	指定“度”作为预定单位
9	Defm	设置扩充变量数量
10	EXP	指数回归（输入后为 E）
11	Mcl	删除所有变数
12	X^2	指定数的平方（输入后为 2）
13	Prog	调用程序命令
14	$\tan^{-1}$	返回反正切值
15	→DMS	角度 60 进制显示格式

（7）删除程序文件名

特定程序删除：

①按下 MODE 5 4 键后，再按 1 键。

②将光标移至要删除的程序文件名旁。

③按 ▼ EXE 键，此时屏幕上出现确认信息。

④按 EXE 键以删除此程序。

全部程序删除：

①按下 MODE 5 4 键后，再按 2 键。

②按EXE键以清除所有程序。

(8)程序的调用运行

①逐个搜索调用方式:按下FILE键位,然后移动光标到所要运行的程序处,按下EXE键位便可运行。

②运行模式查找调用方式:按下MODE键位,选择5. PROG,在Program menu菜单中选择2. RUN子菜单,然后移动光标到所要运行的程序处,按下EXE键位便可运行。

③直接调用模式:如要调用运行“PZH—Z2”程序,输入内容{Prog″PZH—Z2″}后,按下EXE键位便可运行。

(9)程序的运行终止

①按下AC/ON键位两次便可。

②按下MODE键位后选择1. COMP等便可。

(10)利用 CASIO fx-4850 计算器编写坐标正反算的程序

①坐标正算程序。

步骤:

C;"X1":D"Y1":S"S1-2":R"A1-2":Fixm:X"X2" = C + Rec(S,R ◢

Y" Y2" = D + J

操作过程:

ZBZS→EXE→输入 X1 值→EXE→输入 Y1 值→EXE→输入 S1-2 距离→EXE→输入 A1- 2 角度(例 125°31′23.25″)→EXE→EXE

②坐标反算程序。

步骤:

C"X1":D"Y1":E"X2":F"Y2":Fixm:Pol(E-C,F-D:I"S1-2 = " ◢

J≤O⇒J = J + 360ΔJ" A1-2 = "

操作过程:

ZBFS→EXE→输入 X1 值→EXE→输入 Y1 值→EXE→输入 X2 值→EXE→Y2→EXE→EXE→EXE

S1-2:计算得出的距离;

A1-2:计算得出的角度。(按 shift°′″ 转换为 60 进制的角度)

注:此程序可循环计算。

4)注意事项

正确使用 CASIO fx-4850P 计算器,并注意其安全。

实验2　全站仪三维坐标测量

1)目的与要求

①掌握普通全站仪参数输入、设置的方法。
②掌握全站仪三维坐标测量的原理及操作方法。

2)仪器与工具

①由仪器室借领:全站仪1套、对讲机1对、棱镜1套、测伞1把、记录板1块。
②自备:铅笔、小刀、草稿纸。

3)实习方法与步骤

(1)全站仪坐标测量原理

如图3.2所示,地面上 A,O 两点的三维坐标已知,且分别为(X_A,Y_A,H_A)、(X_O,Y_O,H_O)。B 为待测点,设其坐标为(X_B,Y_B,H_B),若在 O 点安置仪器,A 为后视点(即定向点)。首先把 A,O 两点的坐标输入全站仪,仪器便能自动根据坐标反算公式计算出 OA 边的坐标方位角 α_{OA},如图3.2所示。在瞄准后视点 A 后,通过键盘操作,可将此时的水平度盘读数设置为计算出的 OA 方向的坐标方位角,即此时仪器的水平度盘读数就与坐标方位角相一致(即仪器转到任一方向,水平度盘显示的度数即为该方向的坐标方位角)。当仪器瞄准 B 点,显

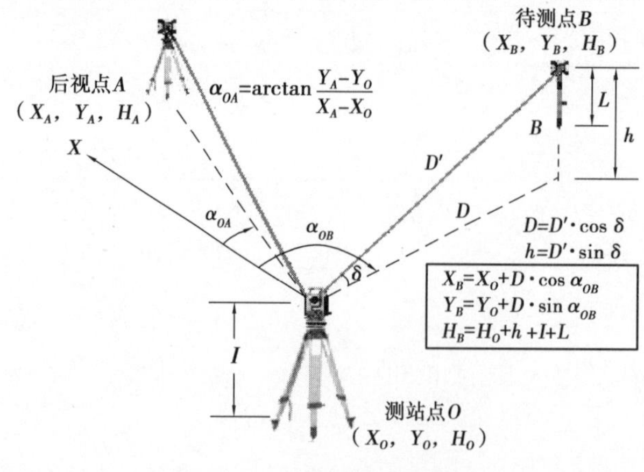

图3.2　全站仪坐标测量原理

示的水平角就是 OB 方向的坐标方位角。测出 OB 的斜距 D' 后，仪器可根据所测的竖直角 δ 计算出 OB 的水平距离 D，然后根据坐标正算公式和三角高程测量原理即可计算出待测点 B 的三维坐标。相关计算公式如图 3.2 所示。实际上上述计算是由全站仪的内置软件自动完成的，通过操作键盘可直接读出待测点的三维坐标。

(2)全站仪的三维坐标测量操作方法

下面以 SET510 全站仪为例叙述全站仪的三维坐标测量操作方法。

①安置仪器。

a. 在地面上任选一测站点 O 安置全站仪，对中、整平并量取仪器高。

b. 在后视点(定向点)安置三脚架，进行对中、整平，并将安装好棱镜的棱镜架安装在三脚架上。通过棱镜上的缺口使棱镜对准望远镜，在棱镜架上安装照准用觇板。

②测前准备。

在“设置模式”里对全站仪进行如下设定：

a. 设定距离单位为 m。

b. 设定竖直角的显示模式，若选择为“垂直 90°”，此时显示屏上则直接显示竖直角的大小，而不是竖盘读数。

c. 设定气温单位为℃，设定气压单位与所用气压计的单位一致。

d. 输入全站仪的棱镜常数(不同厂家生产的棱镜会有不同的棱镜常数，SET510 的配套棱镜常数为 -30)。

③数据输入与定向。

a. 精确瞄准后视点，拧紧水平制动与竖直制动螺旋。

b. 在测量模式第 1 页菜单下按【坐标】键进入 <坐标测量> 屏幕，然后选取“测站坐标”后按【编辑】输入测站坐标、量取仪器高和目标高等信息(具体输入方法可参考全站仪说明书)。界面如图 3.3 所示。

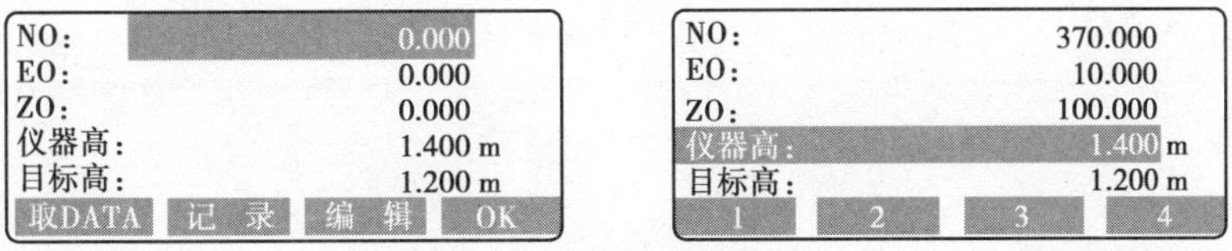

NO: 0.000
EO: 0.000
ZO: 0.000
仪器高: 1.400 m
目标高: 1.200 m
取DATA 记录 编辑 OK

NO: 370.000
EO: 10.000
ZO: 100.000
仪器高: 1.400 m
目标高: 1.200 m
1 2 3 4

图 3.3 数据输入界面

c. 若已知的是后视点的三维坐标，则选择“坐标定向”，同时把后视点的三维坐标输入到全站仪里，全站仪根据内置程序即可解算出定向边的坐标方位角，如图 3.4(a)所示。

d. 若已知的是定向边的坐标方位角，则选择“角度定向”，同时把定向边的坐标方位角输入到全站仪内，并把此时的水平度盘读数设置成定向边的坐标方位角，如图 3.4(b)所示。

④坐标测量：数据输入完毕后，在 <坐标测量> 屏幕下选取“测量”开始坐标测量。然后

照准待测点所立棱角,按下"观测"键,便可显示待测点的三维坐标,如图3.5所示。

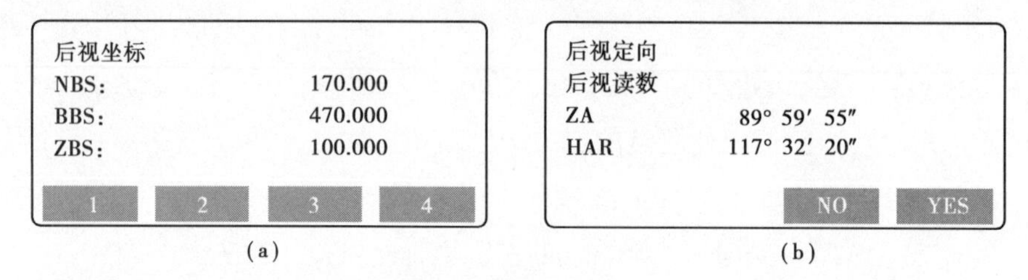

图3.4　后视定向界面

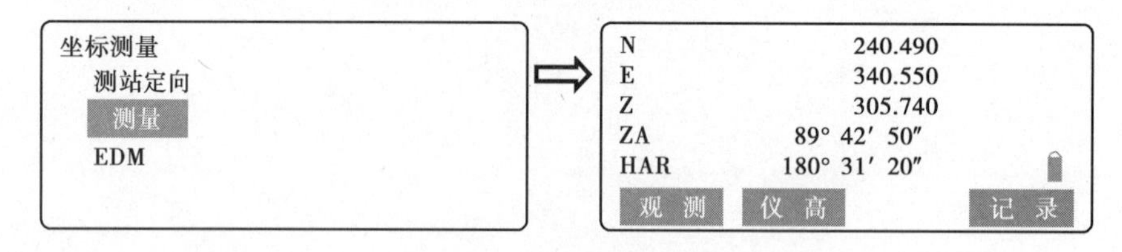

图3.5　坐标测量界面

4)注意事项

①不同厂家生产的全站仪,其功能和操作方法也会有较大差别,实习前须认真阅读其中的有关内容或全站仪的操作手册。

②全站仪是很贵重的精密仪器,在使用过程中要十分细心,以防损坏。

③在测距方向上不应有其他的反光物体(如其他棱镜、水银镜面、玻璃等),以免影响测距成果。

④不能把望远镜对向太阳或其他强光,在测程较大、阳光较强时要给全站仪和棱镜分别打伞。

⑤连接及去掉外接电源时应在教师指导下进行,以免损坏插头。

⑥全站仪的电池在充电前须先放电,充电时间也不能过长,否则会使电池容量减小,寿命缩短。

⑦电池应在常温下保存,长期不用时应每隔3~4个月充电一次。

⑧外业工作时应备好外接电源,以防电池不够用。

5)上交资料

实验结束后,每人上交全站仪三维坐标测量记录表1份,见表3.7。

表 3.7　全站仪三维坐标测量记录表

日期:______年____月____日　　　天气:__________　　　仪器型号:______________组号:________

观测者:____________________记录者:____________________　　立棱镜者:__________________

已知:测站点__________的三维坐标 X = ____________m,Y = ____________m,H = ______________m。

测站点__________至后视点__________的坐标方位角 α = ____________________。

量得:测站仪器高 = __________m,前视点__________的棱镜高 = __________m。

测站点/后视点	待测点	待测点三维坐标			备注
		X	Y	H	
________					

观测者:____________________记录者:____________________　　立棱镜者:__________________

已知:测站点__________的三维坐标 X = ____________m,Y = ____________m,H = ______________m。

测站点__________至后视点__________的坐标方位角 α = ____________________。

量得:测站仪器高 = __________m,前视点__________的棱镜高 = __________m。

测站点/后视点	待测点	待测点三维坐标			备注
		X	Y	H	
________					

观测者:____________________记录者:____________________　　立棱镜者:__________________

已知:测站点__________的三维坐标 X = ____________m,Y = ____________m,H = ______________m。

测站点__________至后视点__________的坐标方位角 α = ____________________。

量得:测站仪器高 = __________m,前视点__________的棱镜高 = __________m。

测站点/后视点	待测点	待测点三维坐标			备注
		X	Y	H	
________					

观测者：＿＿＿＿＿＿＿＿记录者：＿＿＿＿＿＿＿＿ 立棱镜者：＿＿＿＿＿＿＿＿

已知：测站点＿＿＿＿的三维坐标 X = ＿＿＿＿m，Y = ＿＿＿＿m，H = ＿＿＿＿m。

测站点＿＿＿＿至后视点＿＿＿＿的坐标方位角 α = ＿＿＿＿＿＿。

量得：测站仪器高 = ＿＿＿＿m，前视点＿＿＿＿的棱镜高 = ＿＿＿＿m。

测站点/后视点	待测点	待测点三维坐标			备注
		X	Y	H	
＿＿＿＿					

测量人： 记录人： 复核人： 教师：

实验3 全站仪三维坐标放样

1)目的与要求

①熟悉全站仪的基本操作。

②掌握极坐标法测设点平面位置的方法。

③要求每组用极坐标法放样至少4个点。

2)仪器与工具

每组全站仪1台、棱镜2个、对中杆1个、钢卷尺1把、记录板1个。

3)实验方法与步骤

(1)测设元素计算

如图3.6所示，A，B为地面控制点，现欲测设房角点P，则首先根据下面的公式计算测设数据：

①计算AB，AP边的坐标方位角：

$$\alpha_{AB} = \arctan\frac{\Delta y_{AB}}{\Delta x_{AB}}$$

$$\alpha_{AP} = \arctan\frac{\Delta y_{AP}}{\Delta x_{AP}}$$

②计算 AP 与 AB 之间的夹角：

$$\beta = \alpha_{AB} - \alpha_{AP}$$

③计算 A,P 两点间的水平距离：

$$D_{AP} = \sqrt{(x_P - x_A)^2 + (y_P - y_A)^2} = \sqrt{\Delta x_{AP}^2 + \Delta y_{AP}^2}$$

注：以上计算可由全站仪内置程序自动进行。

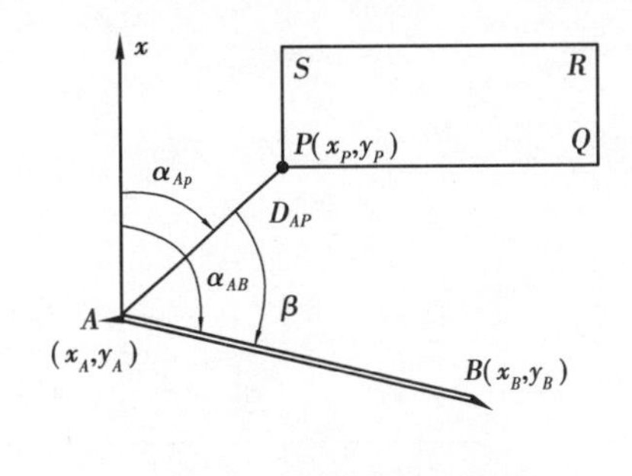

图 3.6　极坐标测设原理

(2)实地测设

①仪器安置：在 A 点安置全站仪，对中、整平。

②定向：在 B 点安置棱镜，用全站仪照准 B 点棱镜，拧紧水平制动和竖直制动螺旋。

③数据输入：把控制点 A,B 和待测点 P 的坐标分别输入全站仪，全站仪便可根据内置程序计算出测设数据 D 及 β，并显示在屏幕上。

④测设：把仪器的水平度盘读数拨转至已知方向 β 上，拿棱镜的同学在已知方向线上在待定点 P 的大概位置立好棱镜，观测仪器的同学立刻便可测出目前点位与正确点位的偏差值 ΔD 及 $\Delta\beta$(仪器自动显示)，然后根据其大小指挥拿棱镜的同学调整其位置，直至观测结果恰好等于计算得到的 D 和 β，或者当 ΔD 及 $\Delta\beta$ 为一微小量(在规定的误差范围内)时方可。

4)注意事项

①不同厂家生产的全站仪在数据输入、测设过程中的某些操作可能会稍不一样，实际工作中应仔细阅读说明书。

②在实习过程中，测设点的位置是有粗到细的过程，要求同学在实习过程中应有耐心、相互配合。

③测设出待定点后，应用坐标测量法测出该点坐标与设计坐标进行检核。

④实习过程中应注意保护仪器和棱镜的安全，观测的同学不应擅自离开仪器。

5)上交资料

实验结束后，每人上交全站仪三维坐标放样记录表 1 份，见表 3.8。

表 3.8　全站仪三维坐标放样记录表

日期:______年____月____日　天气:__________　仪器型号:______________　组号:____________

观测者:______________________记录者:____________________　立棱镜者:____________________

已知:测站点______________的三维坐标 $X=$____________m,$Y=$____________m,$H=$____________m。

定向点____________的三维坐标 $X=$____________m,$Y=$____________m,$H=$____________m。

量得:测站仪器高 =____________m,前视点____________的棱镜高 =____________m。

测站点 定向点	测设点	测设元素	测设点的设计坐标			备　注
			X	*Y*	*H*	
		$D=$				
		$\beta=$				
		$D=$				
		$\beta=$				
		$D=$				
		$\beta=$				
		$D=$				
		$\beta=$				

测设点	检核测出的测设点坐标			备注
	X	*Y*	*H*	

测设点	设计坐标与测设坐标的差值			备注
	ΔX	ΔY	ΔH	

测量人:　　　　　　　记录人:　　　　　　　复核人:　　　　　　　教师:

实验4 高程测设

1）目的及要求

①掌握高程测设的一般方法。

②要求测设误差不大于1 cm。

2）仪器与工具

①水准仪1台、水准尺1根、木桩若干个、榔头1把、测伞1把、记录板1块、皮尺1把。

②自备：铅笔、计算器。

3）实验方法与步骤

测设已知高程 H_A（如图3.7所示）：

①在水准点 BM_1 与待测高程点 A（打一木桩）之间安置水准仪，读取 BM_1 点的后视读数 a，根据水准点 BM_1 的高程 H_1 和待测高程 H_A，计算出 A 点的前视读数 $b = H_1 + a - H_A$。

②让水准尺紧贴 A 点木桩侧面上、下移动，当视线水平，中丝对准尺上读取读数为 b 时，沿尺底在木桩上画线，画线处即为测设的高程位置。

③重新测定上述尺底线的高程，检查误差是否超限。

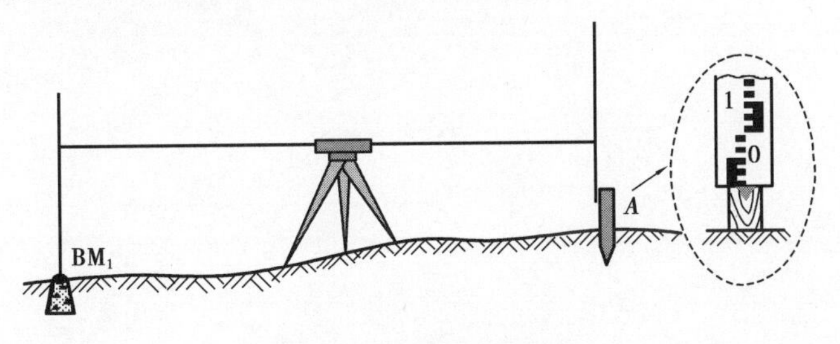

图3.7 高程测设原理

4）注意事项

①已知高程的测设，是根据施工现场已有的水准点将设计高程在实地标定出来。它与水准测量不同之处在于它不是测定两固定点之间的高差，而是根据一个已知高程的水准点，测设设计所给定点的高程。

②当视线水平,水准尺紧贴 A 点木桩侧面上、下移动时,中丝却始终无法在水准尺上读取读数 b 时,则只需把水准尺立在 A 点木桩顶上,直接读取一个中丝读数 $b_{读}$,然后计算出其与应有读数 b 的差值 $\Delta b = b - b_{读}$。若 $\Delta b > 0$,则说明待定点的设计高程距离桩面向下挖 Δb;若 $\Delta b < 0$,则说明待定点的设计高程距离桩面应向上填 Δb。并在木桩的侧面用箭头标好向上填或向下挖的数值 Δb。

5）上交资料

实验结束后,每人上交高程测设数据记录表 1 份,见表 3.9。

表 3.9　高程测设数据记录表

日期:　　　　　　　　天气:　　　　　　　　小组:　　　　　　　　仪器型号:

1. 测设高程/m				
水准点高程	后视读数	视线高程	设计高程	前视应读数

2. 高程检测					
点　号	后视读数	前视读数	高差/m	高程/m	备　注

1. 测设高程/m				
水准点高程	后视读数	视线高程	设计高程	前视应读数

2. 高程检测					
点　号	后视读数	前视读数	高差/m	高程/m	备　注

1. 测设高程/m				
水准点高程	后视读数	视线高程	设计高程	前视应读数

续表

2. 高程检测					
点　号	后视读数	前视读数	高差/m	高程/m	备　注

1. 测设高程/m				
水准点高程	后视读数	视线高程	设计高程	前视应读数

2. 高程检测					
点　号	后视读数	前视读数	高差/m	高程/m	备　注

测量人：　　　　记录人：　　　　复核人：　　　　教师：

实验5　全站仪自由设站法测设曲线

1)目的与要求

①掌握全站仪自由设站法的测量方法。

②掌握圆曲线、缓和曲线主点及加密点统一坐标的求解方法。

③准备试验数据。

④每4人一组,轮流操作。

2)仪器与工具

①全站仪1台、棱镜1个、对中杆1个、钢尺或皮尺1把、小目标架3根、测钎6根、记录板1块。

②自备:计算器、铅笔、小刀、计算用纸。

3)实验方法与步骤

(1)实验原理

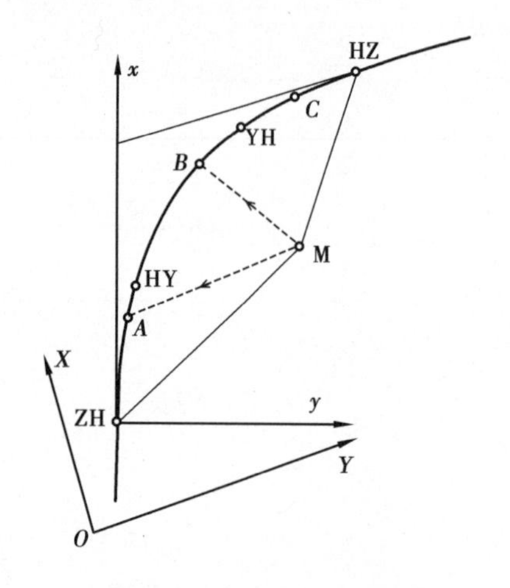

图 3.8　自由设站法原理

全站仪自由设站法的基本原理是把全站仪架设在任意一视野开阔的点上，通过照准两个以上的已知点进行后方交会出仪器点的坐标，然后把仪器点当作已知点进行常规三维坐标放样的一种方法，其原理如图 3.8 所示。*M* 点为任意选定的一点，在该点安置仪器后先照准两已知点，如图中的 ZH 和 HZ 两点。便可根据后方交会原理定出 *M* 点的坐标，然后再用 ZH 或 HZ 点进行定向坐标测设（坐标测设方法可参考实验 4 的内容）。该方法的特点是可以随意架设仪器在任意点上，所以称为自由设站法。需要注意的是，在用该方法前首先要把待测设的曲线点的坐标进行统一，即转换到统一的一个坐标系下，如图所示的 *XOY* 坐标系下。

一般的全站仪都有自由设站法功能或后方交会坐标测量功能，所以可直接进入该功能菜单里进行工作，无须人工计算 *M* 点坐标。

（2）实验步骤

①架设全站仪，对中整平，具体步骤为：

a. 将全站仪由箱中取出，双手握住仪器的支架；或一手握住支架，一手握住基座，严禁单手提取望远镜部分。

b. 整平仪器，方法同普通经纬仪一样，反复整平，直至仪器转到任何位置时气泡都居中，或者离开中心位置不超过一格，量取仪器高。

c. 练习用望远镜精确瞄准远处的目标，检查有无视差，如有视差，则转动对光螺旋消除之。

②进入“自由设站”（或“后方交会坐标测量”）子菜单。

③选择控制点（JD，ZH，HZ 中的任两点或全部），在全站仪上先按提示完成自由设站的测前设置。

④依次在选择的控制点上设棱镜，按提示完成自由设站观测。

⑤观测完毕后全站仪自动计算出测站点坐标，给定点号作为控制点保存起来。

⑥再依据圆曲线上点的坐标放出所有点。

4）注意事项

①实验前要复习课本中有关内容，了解实验目的及要求。

②严格遵守测量仪器的使用规则。

③观测程序及记录要严守操作规程。

5）上交资料

实验结束后，每人上交自由设站法测设曲线数据记录表 1 份，见表 3.10。

表 3.10　自由设站法测设曲线数据记录表

日期:____________班级:____________组别:____________观测者:____________记录者:____________

交点号		交点桩号	

	盘　位	目　标	水平度盘读数	半测回右角值	右　角	转　角
转角观测结果	盘　左					
	盘　右					

曲线元素	$R =$	$L_s =$	$x_H =$	$y_H =$	$\beta =$
	$p =$	$q =$	$T_d =$	$c_H =$	$\Delta_H =$
	$T_H =$	$L_H =$	$L =$	$E_H =$	$D_H =$

主点桩	ZH 桩号:	HY 桩号:
	QZ 桩号:	
	YH 桩号:	HZ 桩号:

	测　段	桩　号	曲线长	x	y	备　注
各中桩的测设数据	ZH ~ HY					
	HY ~ QZ					
	HZ ~ YH					
	YH ~ QZ					

测量人:　　　　　　　　记录人:　　　　　　　　复核人:　　　　　　　　教师:

实验6　线路纵断面测量

1)目的及要求

①熟悉水准仪的使用。

②掌握线路纵断面测量方法。

③掌握纵断面图的绘制方法。

④要求每组完成约100 m长的路线纵断面测量。

2)仪器与工具

①水准仪、水准尺2根,尺垫2个,皮尺1把,木桩若干个,榔头1把,记录板1块,测伞1把。

②自备:铅笔、计算器、直尺、格网绘图纸1张。

3)实验方法与步骤

(1)准备工作

①指导教师现场讲解测量过程、方法及注意事项。

②在给定区域,选定一条约100 m长的路线,在两端点钉木桩。用皮尺量距,每10 m处钉一中桩,并在坡度及方向变化处钉加桩,在木桩侧面标注桩号。起点桩桩号为0+000,如图3.9所示。

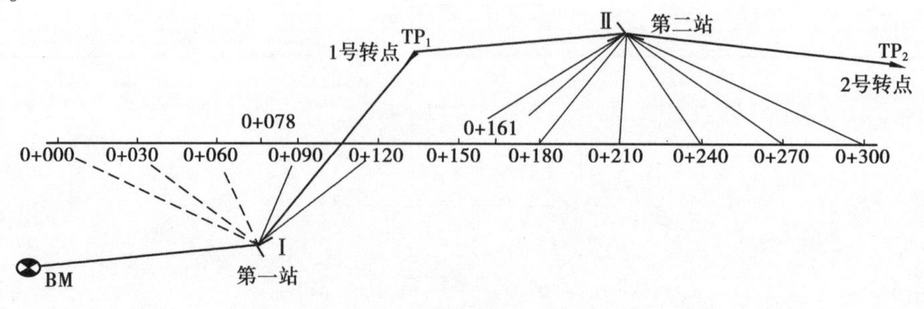

图3.9　纵断面测量

(2)纵断面测量

①水准仪安置在起点桩与第一转点间适当位置作为第一站(Ⅰ),瞄准(后视)立在附近水准点 BM 上的水准尺,读取后视读数 a (读至 mm),填入记录表格,计算第一站视线高 H_{I} ($= H_{BM} + a$)。

②统筹兼顾整个测量过程,选择前视方向上的第一个转点 TP_1,瞄准(前视)立在转点 TP_1 上的水准尺,读取前视读数 b(读至 mm),填入记录表格,计算转点 TP_1 的高程($H_{TP_1} = H_I - b$)。

③再依此瞄准(中视)本站所能测到的立在各中桩及加桩上的水准尺,读取中视读数 S_i(读至厘米),填入记录表格,利用视线高计算中桩及加桩的高程($H_i = H_I - S_i$)。

④仪器搬至第二站(Ⅱ),选择第二站前视方向上的转点 TP_2。仪器安置好后,瞄准(后视)TP_1 上的水准尺,读数,记录并计算第二站视线高 H_{II};观测前视 TP_2 上的水准尺,读数,记录并计算转点 TP_2 的高程 H_{TP_2}。同法继续进行观测,直至线路终点。

⑤为了进行检核,可由线路终点返测至已知水准点,此时不需观测各中间点。

(3)纵断面图的绘制

外业测量完成后,可在室内进行纵断面图的绘制。纵断面图的水平距离比例尺可取为 1∶1 000,高程比例尺可取为 1∶100。纵断面图绘制在格网纸上。

4)注意事项

①纵断面测量要注意前进的方向。

②中间视因无检核条件,所以读数与计算时,要认真细致、互相核准、避免出错。

③线路往、返测量高差闭合差的限差应按普通水准测量的要求计算,$f_{h容} = \pm 12\sqrt{n}$,式中 n 为测站数。超限应重新测量。

5)上交资料

实验结束后,每人上交线路中桩纵断面测量外业记录表 1 份,见表 3.11。

表 3.11　线路中桩纵断面测量外业记录表

日期:______年____月____日　天气:__________　仪器型号:____________　组号:____________

观测者:____________________　记录者:____________________　司尺者:______________________

测点及桩号	水准尺读数/m			视高线/m	高程/m
	后　视	中　视	前　视		

测量人:　　　　　　　　记录人:　　　　　　　　复核人:　　　　　　　　教师:

实验 7 线路横断面测量

1)目的及要求

①熟悉水准仪的使用。

②掌握线路横断面测量方法。

③掌握横断面图的绘制方法。

④要求每组完成约 100 m 长的线路横断面测量任务。

2)仪器与工具

①水准仪 1 台、水准尺 2 根、尺垫 2 个、皮尺 1 把、花杆 2 根、方向架 1 个、榔头 1 把、木桩若干个、记录板 1 块、测伞 1 把。

②铅笔、计算器、直尺、格网绘图纸 1 张。

3)实验方法与步骤

(1)准备工作

①指导教师现场讲解测量过程、方法及注意事项。

②在给定区域,选定一条约 100 m 长的路线,在两端点钉木桩。用皮尺量距,每 10 m 处钉一中桩,并在坡度及方向变化处钉加桩,在木桩侧面标注桩号。起点桩桩号为 0 +000。

(2)横断面测量

首先,在里程桩上用方向架确定线路的垂直方向,如图 3.10 所示。然后在中桩附近选一点架设水准仪,以中桩为后视点,在垂直中线的左右两侧 20 m 范围内坡度变化处立前视尺,如图 3.11 所示,读数(读至 cm 即可)、记录,中桩至左、右两侧各坡度变化点的距离用皮尺丈量,读至 dm。最后将数据填入横断面测量记录表中。

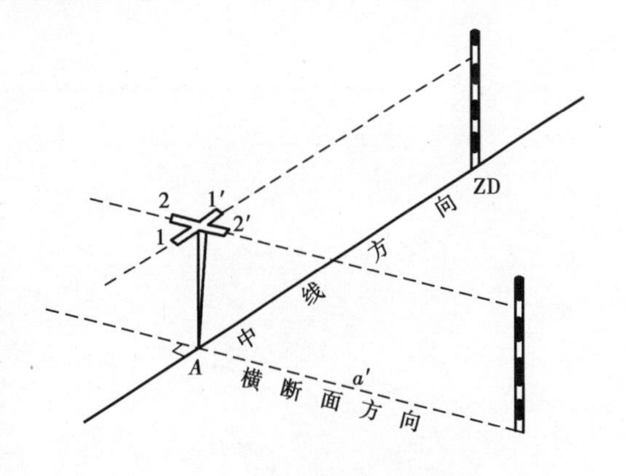

图 3.10 横断面方向的确定

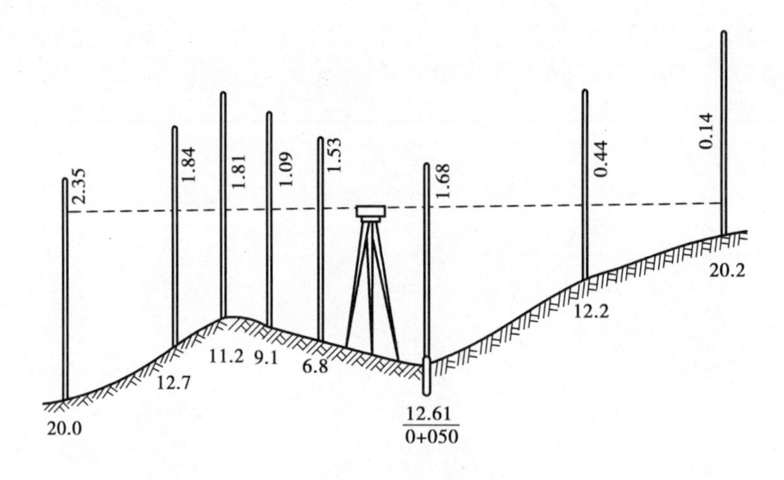

图 3.11　水准仪法横断面测量

(3)横断面图的绘制

外业测量完成后,可在室内进行横断面图的绘制。绘图时一般先将中桩标在图中央,再分左右侧按平距为横轴,高差为纵轴,展出各个变坡点。绘出的横断面图水平距离比例尺可取为 1∶100,高程比例尺可取为 1∶50。横断面图绘制在格网纸上。

4)注意事项

①横断面测量要注意前进方向及前进方向的左右。

②中间视因无检核条件,所以读数与计算时,要认真细致、互相核准、避免出错。

③横断面水准测量与横断面绘制,应按线路延伸方向划定左右方向,切勿弄错,横断面图最好在现场绘制。

④横断面测量的方法很多,除了本次实习的水准仪法外,还可采用花杆皮尺法、经纬仪法等。

⑤曲线的横断面方向为曲线的法线方向,或者说是中桩点切线的垂线方向。具体确定方法可参考教材。

5)上交资料

实验结束后,每人上交线路中桩横断面测量外业记录表 1 份,见表 3.12。

表 3.12 线路中桩横断面测量外业记录表

日期:______年____月____日 天气:__________ 仪器型号:____________ 组号:____________

观测者:____________________ 记录者:____________________ 司尺者:____________________

左 侧(单位:m)	桩 号	右 侧(单位:m)
… … … … 高差/平距差		高差/平距差 … … … …

测量人: 记录人: 复核人: 教师:

实验 8 圆曲线主点测设

1)目的及要求

①掌握圆曲线主点里程的计算方法。

②掌握圆曲线主点的测设方法与测设过程。

2)仪器与工具

①经纬仪 1 台、木桩 3 个、测钎 3 个、皮尺 1 把、记录板 1 块、测伞 1 把。

②自备:计算器、铅笔、小刀、计算用纸。

3）实验方法与步骤

①在平坦地区定出路线导线的3个交点（JD_1，JD_2，JD_3），如图3.12所示，并在所选点上用木桩标定其位置。导线边长要大于30 m，目估右转角$\beta_{右}<145°$。

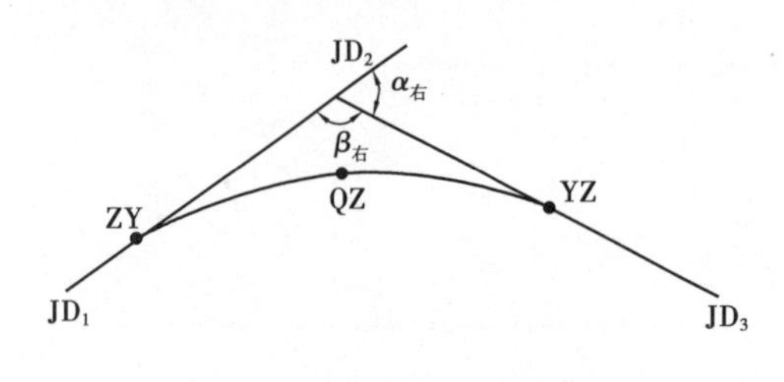

图3.12　圆曲线主点测设

②在交点JD_2上安置经纬仪，用测回法观测出$\beta_{右}$，并计算出右转角$\alpha_{右}$。

$$\alpha_{右}=180°-\beta_{右}$$

③假定圆曲线半径$R=100$ m，然后根据R和$\alpha_{右}$，计算曲线测设元素L,T,E,D。计算公式如下：

切线长　$T=R\tan\dfrac{\alpha}{2}$　　　曲线长　$L=R\alpha\dfrac{\pi}{180°}$

外距　$E=R\left(\sec\dfrac{\alpha}{2}-1\right)$　　　切曲差　$D=2T-L$

④计算圆曲线主点的里程（假定JD_2的里程为K2+300.00）。计算列表如下：

JD_2	K2+300.00
−）	T
	ZY
+）	L
	YZ
−）	$L/2$
	QZ
−）	$D/2$
JD_2	K2+300.00　（检核计算）

⑤测设圆曲线主点：

a. 在JD_2上安置经纬仪，对中、整平后照准JD_1上的测量标志。

b. 在JD_2→JD_1方向线上，自JD_2量取切线长T，得圆曲线起点ZY，插一测钎，作为起点桩。

c. 转动经纬仪并照准JD_3上的测量标志，拧紧水平和竖直制动螺旋。

d. 在JD_2→JD_3方向线上，自JD_2量取切线长T，得圆曲线终点YZ，插一测钎，作为终点桩。

e. 用经纬仪设置$\beta_{右}/2$的方向线，即$\beta_{右}$的角平分线。在此角平分线上自JD_2量取外距E，得圆曲线中点QZ，插一测钎，作为中点桩。

⑥站在曲线内侧观察ZY，QZ，YZ桩是否有圆曲线的线形，以作为概略检核。

⑦小组成员相互交换工种后再重复⑤的步骤，看两次设置的主点位置是否重合。如果不

重合,而且相差太大,就要查找原因,重新测设。如在容许范围内,则点位即可确定。

4)注意事项

①计算主点里程时要两人独立计算,加强校核,以防算错。

②本次实验事项较多,小组人员要紧密配合,保证实习顺利完成。

5)上交资料

实验结束后,每人上交圆曲线主点测设数据记录表1份,见表3.13。

表3.13　圆曲线主点测设数据记录表

日期:＿＿＿＿班级:＿＿＿＿组别:＿＿＿＿观测者:＿＿＿＿记录者:＿＿＿＿

<table>
<tr><td colspan="2">交点号</td><td colspan="2"></td><td colspan="2">交点里程</td><td></td></tr>
<tr><td rowspan="5">转角观测结果</td><td>盘位</td><td>目标</td><td>水平度盘读数</td><td>半测回右角值</td><td>右　角</td><td>转　角</td></tr>
<tr><td rowspan="2">盘左</td><td></td><td></td><td rowspan="2"></td><td rowspan="4"></td><td rowspan="4"></td></tr>
<tr><td></td><td></td></tr>
<tr><td rowspan="2">盘右</td><td></td><td></td><td rowspan="2"></td></tr>
<tr><td></td><td></td></tr>
<tr><td>曲线元素</td><td colspan="6">R(半径)=　　T(切线长)=　　E(外距)=
α(转角)=　　L(曲线长)=　　D(切曲差)=</td></tr>
<tr><td>主点里程</td><td colspan="6">ZY 桩号:　　QZ 桩号:　　YZ 桩号:</td></tr>
<tr><td rowspan="2">主点测设方法</td><td colspan="3">测设草图</td><td colspan="3">测设方法</td></tr>
<tr><td colspan="3"></td><td colspan="3"></td></tr>
<tr><td>备注</td><td colspan="6"></td></tr>
</table>

计算人:　　　　复核人:　　　　教师:

实验9　圆曲线详细测设——偏角法

1）目的及要求

①掌握用偏角法详细测设圆曲线时测设元素的计算方法。
②掌握用偏角法进行圆曲线详细测设的方法和步骤。
③要求各小组成员在实习过程中交换工种。

2）仪器与工具

①经纬仪1台、木桩若干个、测钎3个、皮尺1把、记录板1块、测伞1把。
②自备：计算器、铅笔、小刀、计算用纸。

3）实验方法与步骤

(1)测设原理

偏角法测设的实质就是角度与距离的交会法，它是以曲线起点ZY或曲线终点YZ至曲线上任一点P_i的弦长与切线T之间的弦切角Δ_i（即偏角）和相邻点间的弦长c_i来确定P_i点的位置，如图3.13所示。偏角法测设的关键是偏角计算及测站点仪器定向。偏角及弦长的计算公式如下：

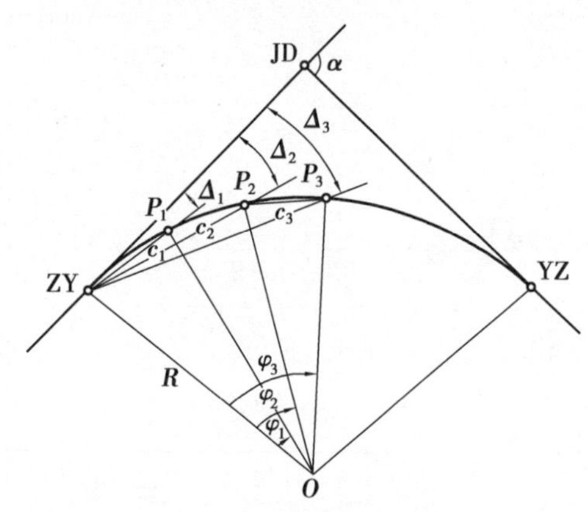

图3.13　偏角法测设原理

$$\Delta_i = \frac{l_i}{2R}\frac{180^\circ}{\pi} \qquad c_i = 2R\sin\frac{\varphi_i}{2}$$

其中弦长与其对应圆弧的弧弦差为：

$$\delta_i = l_i - c_i = \frac{l_i^3}{24R^2}$$

由上式可知，圆曲线半径越大，其弧弦差越小。因此，当圆曲线半径较大时，且相邻两点间的距离不超过20 m时，可用弧长代替相应的弦长，其代替误差远小于测设误差。

(2)测设方法

圆曲线详细测设前首先应把圆曲线主点测设出来，在此基础上再进行详细测设。

偏角法详细测设圆曲线又分为长弦法和短弦法。如图 3.13 所示,若在 ZY 点架设仪器,长弦法是在用仪器根据偏角标出了每个点的方向后,都以 ZY 点为起点量取其弦长 c_i 与视线的交点定出待定点的。长弦法测设出的各点没有误差积累问题。短弦法则是在用仪器根据偏角标出了每个点的方向后,以前一个测设出的曲线点为起点量取整桩间距 c_0 与视线的交点来定出待定点的,所以短弦法存在误差积累问题。下面以短弦法为例说明测设步骤:

①根据本次实习给定的数据计算出测设元素。

②在圆曲线起点 ZY 点安置经纬仪,对中、整平。

③转动照准部,瞄准交点 JD(即切线方向),并转动变换手轮,将水平度盘读数配置为0°00′00″。

④根据计算出的第一点的偏角值 Δ_1 转动照准部,转动照准部时要注意转动的方向,当路线是如图 3.13 所示右转时,则顺时针转动照准部直至水平度盘读数为 Δ_1(此时称为正拨);当路线是左转时,则逆时针转动照准部直至水平度盘读数为 $360° - \Delta_1$(此时称为反拨)。然后以 ZY 为起点,在望远镜视线方向上量出第一段相应的弦长 c_1,定出第一点 P_1 并打桩。

⑤根据第二个偏角值的大小 Δ_2 转动照准部,定出偏角方向。再以 P_1 为圆心,以 c_0(整桩间距)为半径画圆弧,与视线方向相交得出第二点 P_2,设桩。

⑥按照上一步的方法,依次定出曲线上各个整桩点点位,直至曲中点 QZ,若通视条件好,可一直测至 YZ 点。

4)注意事项

①本次实验是在实验 8 的基础上进行的,所以在进行本实验前应对实验 8 的实验方法及步骤非常熟悉和了解。

②计算定向后视读数时先画出草图,以便认清几何关系,防止计算错误。

③注意偏角方向,区分正拨和反拨。

④中线桩以板桩标定,上书里程,面向线路起点方向。

⑤偏角法进行圆曲线详细测设也可从圆直点 YZ 开始,以同样的方法进行测设。但要注意偏角的拨转方向及水平度盘读数,与上半条曲线是相反的。

⑥偏角法测设时,拉距是从前一曲线点开始,必须以对应的弦长为直径画圆弧与视线方向相交,获得该点。

⑦由于偏角法存在测点误差累积的缺点,因此一般由曲线两端的 ZY,YZ 点分别向 QZ 点施测。

5)实习数据

已知圆曲线的 $R = 200$ m,交点 JD 里程为 K10 + 110.88 m,试按每 10 m 一个整桩号,来阐述该圆曲线的主点及偏角法整桩号详细测设的步骤(转角视实习场地现场测定)。实验结束后,每人上交偏角法详细测设圆曲线数据记录表1份,见表3.14。

表3.14　偏角法详细测设圆曲线数据记录表

日期:__________班级:__________组别:__________观测者:__________记录者:__________

<table>
<tr><td colspan="2">交点号</td><td colspan="3"></td><td>交点里程</td><td></td></tr>
<tr><td rowspan="5">转角观测结果</td><td>盘　位</td><td>目标</td><td>水平度盘读数</td><td>半测回右角值</td><td>右　角</td><td>转　角</td></tr>
<tr><td rowspan="2">盘　左</td><td></td><td></td><td rowspan="2"></td><td rowspan="4"></td><td rowspan="4"></td></tr>
<tr><td></td><td></td></tr>
<tr><td rowspan="2">盘　右</td><td></td><td></td><td rowspan="2"></td></tr>
<tr><td></td><td></td></tr>
<tr><td>曲线元素</td><td colspan="6">R(半径)=　　　T(切线长)=　　　E(外距)=
α(转角)=　　　L(曲线长)=　　　D(切曲差)=</td></tr>
<tr><td>主点里程</td><td colspan="6">ZY桩号:　　　QZ桩号:　　　YZ桩号:</td></tr>
</table>

各中桩的测设数据计算表

桩　号	各桩至起点(ZY或YZ)的曲线长度 l_i /m	偏角值 Δ_i ° ′ ″	偏角读数(水平度盘读数) ° ′ ″	相邻桩间弧长/m	相邻桩间弦长/m

略图:

计算人:　　　　　　复核人:　　　　　　教师:

实验 10　圆曲线详细测设——切线支距法

1）目的与要求

①学会用切线支距法详细测设圆曲线。

②掌握切线支距法测设数据的计算及测设过程。

2）仪器与工具

①经纬仪 1 台、皮尺 1 把、小目标架 3 根、测钎若干个、方向架 1 个、记录板 1 块。

②自备：计算器、铅笔、小刀、记录计算用纸。

3）实验方法与步骤

（1）切线支距法测设原理

切线支距法是以曲线起点 YZ 或终点 ZY 为坐标原点，以切线为 x 轴，以过原点的半径为 y 轴，根据曲线上各点的坐标(x,y)进行测设，故又称直角坐标法。如图 3.14 所示，设 $P_1,P_2\cdots$为曲线上的待测点，l_i 为它们的桩距（弧长），其所对的圆心角为 φ_i，由图可以看出测设元素可由下式计算：

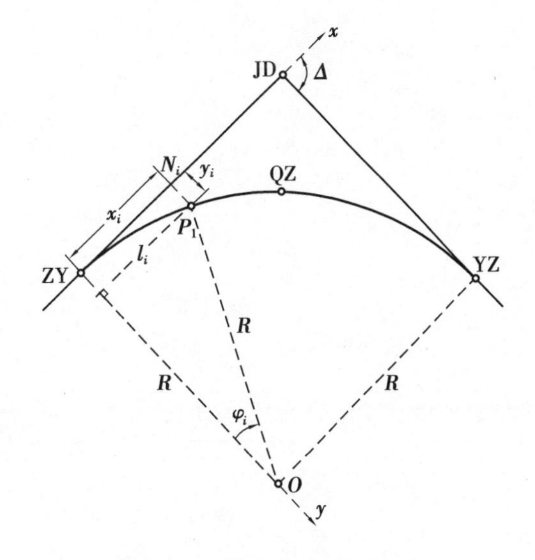

图 3.14　切线支距法测设原理

$$x = R\sin\varphi$$

$$y = R(1-\cos\varphi)$$

式中：$\varphi = \dfrac{l}{R}\dfrac{180°}{\pi}$

（2）测设方法

①实验前首先按照本次实验所给的数据计算出所需测设数据。

②根据所计算出的圆曲线主点里程测设圆曲线主点，其测设方法可参考实验 8。

③将经纬仪置于圆曲线起点（或终点），标定出切线方向，也可以用花杆标定切线方向。

④根据各里程桩点的横坐标，用皮尺从曲线起点（或终点）沿切线方向量取 $x_1,x_2,x_3\cdots$，

得各点垂足，并用测钎标记之，如图3.14所示。

⑤在各垂足点用方向架标定垂线，并沿此垂线方向分别量出 $y_1, y_2, y_3 \cdots$ 即定出曲线上 $P_1, P_2, P_3 \cdots$ 各桩点，并用测钎标记其位置。

⑥从曲线的起(终)点分别向曲线中点测设，测设完毕后，用丈量所定各点间弦长来校核其位置是否正确，也可用弦线偏距法进行校核。

4)注意事项

①本次实验是在实验8的基础上进行的，所以对实验8的方法及要领要非常熟悉。

②应在实验前将实例的全部测设数据计算出来，不要在实验中边算边测，以防时间不够或出错。如时间允许，也可不用实例，直接在现场测定右角后进行圆曲线的详细测设。

③测设时，为了避免支距 y 过大，一般由曲线两端向中间设置。

5)实习数据

已知：圆曲线的半径 $R=100$ m，JD_2 的里程为K4+296.67，桩距 $l=10$ m，按切线支距整桩距法设桩，试计算各桩点的坐标 (x,y)，并详细测设此圆曲线(转角视实习场地现场测定)。实验结束后，每人上交“切线支距法详细测设圆曲线数据记录表”1份，见表3.15。

表3.15　切线支距法详细测设圆曲线数据记录表

日期:＿＿＿＿班级:＿＿＿＿组别:＿＿＿＿观测者:＿＿＿＿记录者:＿＿＿＿

<table>
<tr><td colspan="2">交点号</td><td colspan="3"></td><td colspan="2">交点里程</td><td></td></tr>
<tr><td rowspan="5">转角观测结果</td><td>盘　位</td><td>目　标</td><td>水平度盘读数</td><td>半测回右角值</td><td colspan="2">右　角</td><td>转　角</td></tr>
<tr><td rowspan="2">盘　左</td><td></td><td></td><td rowspan="2"></td><td colspan="2" rowspan="4"></td><td rowspan="4"></td></tr>
<tr><td></td><td></td></tr>
<tr><td rowspan="2">盘　右</td><td></td><td></td><td rowspan="2"></td></tr>
<tr><td></td><td></td></tr>
<tr><td>曲线元素</td><td colspan="7">R(半径)=　　T(切线长)=　　E(外距)=
α(转角)=　　L(曲线长)=　　D(切曲差)=</td></tr>
<tr><td>主点桩号</td><td colspan="7">ZY桩号:　　QZ桩号:　　YZ桩号:</td></tr>
</table>

续表

交点号			交点里程		
各中桩的测设数据	桩　号	曲线长	x	y	备　注
略图：					

计算人：　　　　　　　　　复核人：　　　　　　　　　教师：

实验 11　切线支距法测设带有缓和曲线段的圆曲线

1)目的与要求

①会用切线支距法测设带有缓和曲线段的圆曲线。

②会计算曲线测设所需数据。

2)仪器与工具

①经纬仪 1 台、钢尺或皮尺 1 把、十字方向架 1 个、小目标架 3 根、测钎 6 根、记录板 1 块。

②自备:计算器、铅笔、小刀、计算用纸。

3)实验方法与步骤

(1)主点测设

①选定 JD_1,JD_2,JD_3,目估使路线转角为35°左右,相邻交点间距不小于80 m。

②在 JD_2 安置经纬仪,测定右角,设置分角线方向,并计算转角。

③假定 JD_2 的里程桩号,根据实习场地的具体情况选定曲线半径 R、缓和曲线长 L_s。

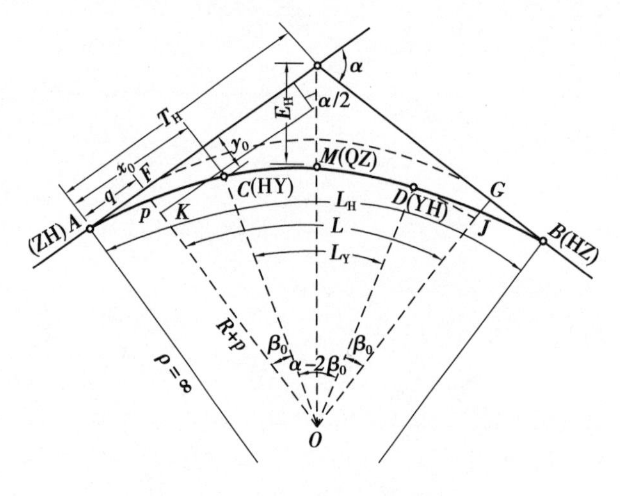

图3.15 带有缓和曲线的圆曲线

④计算曲线元素,如图3.15所示,曲线元素的计算式如下:

$$p = \frac{L_s^2}{24R}$$

$$q = \frac{L_s}{2} - \frac{L_s^3}{240R^2}$$

$$T_H = (R + p)\tan\frac{\alpha}{2} + q$$

$$L_H = R(\alpha - 2\beta_0)\frac{\pi}{180°} + 2L_s$$

$$E_H = (R + p)\sec\frac{\alpha}{2} - R$$

$$D_H = 2T_H - L_H$$

⑤计算曲线主点的里程桩号:直缓点 ZH = JD − T_H;缓圆点 HY = ZH + L_s;圆缓点 YH = HY + L_Y;缓直点 HZ = YH + L_s;

曲中点 QZ = HZ − $L_H/2$;交点 JD = QZ + $D_H/2$(检核)

⑥测设曲线主点:

a. 自 JD_2 沿 $JD_2 \to JD_1$ 方向量切线长 T_H 得 ZH 点。

b. 自 JD_2 沿 $JD_2 \to JD_3$ 方向量切线长 T_H 得 HZ 点。

c. 自 JD_2 沿分角线方向量外距 E_H 得 QZ 点。

d. 自 ZH 沿切线向 JD_2 量 x_H 得 HY 点对应的垂足位置,在该垂足位置用十字方向架定出垂线方向,并沿垂线方向量 y_H 即得 HY 点。

e. 由 HZ 沿切线向 JD_2 量 x_H 得 YH 点对应的垂足位置,在该垂足位置用十字方向架定出垂线方向,并沿垂线方向量 y_H 即得 YH 点。

（2）详细测设

①计算各桩的测设数据 x, y。

a. ZH ~ HY 段：以 ZH 为坐标原点，用下式计算：

$$x = l - \frac{l^5}{40R^2L_s^2}$$

$$y = \frac{l^3}{6RL_s}$$

式中：l = 待测桩桩号 − ZH 桩号，当 $l = L_s$ 时求得的坐标即为缓圆点坐标。

b. HY ~ QZ 段：以 HY 为坐标原点，用下式计算：

$$x = R\sin\frac{l}{R}$$

$$y = R\left(1 - \cos\frac{l}{R}\right)$$

式中：l = 待测桩桩号 − HY 桩号

c. HZ ~ YH 段：以 HZ 为坐标原点，用下式计算：

$$x = l - \frac{l^5}{40R^2L_s^2}$$

$$y = \frac{l^3}{6RL_s}$$

式中：l = HZ 桩号 − 待测桩桩号

d. YH ~ QZ 段：以 HZ 为坐标原点，用下式计算：

$$x = R\sin\frac{l}{R} + q$$

$$y = R\left(1 - \cos\frac{l}{R}\right) + P$$

式中：l = YH 桩号 − 待测桩桩号 + $L_s/2$

②测设 ZH ~ HY 段。

a. 如图 3.16(a)所示，自 ZH 点沿切线向 JD_2 量 $P_1, P_2\cdots$的坐标 $x_1, x_2\cdots$，得垂足 $N_1, N_2\cdots$，并用测钎标记。

b. 依次在 $N_1, N_2\cdots$用十字方向架定出垂线方向，分别沿各垂线方向量坐标 $y_1, y_2\cdots$，即得 $P_1, P_2\cdots$桩位，钉木桩或用测钎标记。

③测设 HY ~ QZ 段。

a. 如图 3.16(b)所示，自 ZH 点沿切线向 JD_2 量 T_d，该点与 HY 点的连线即为 HY 点的切线方向。

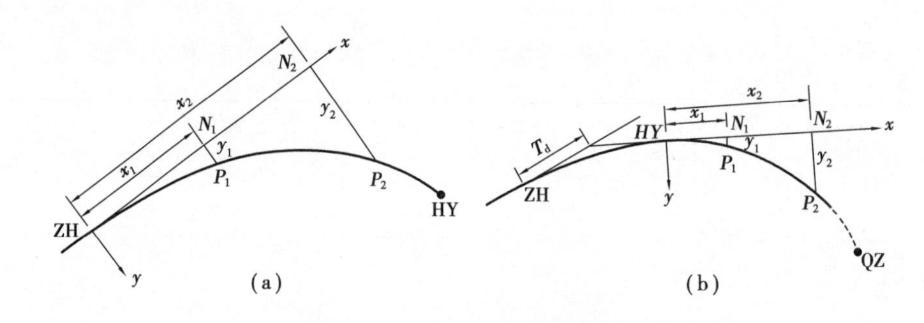

图 3.16　曲线切线支距示意图

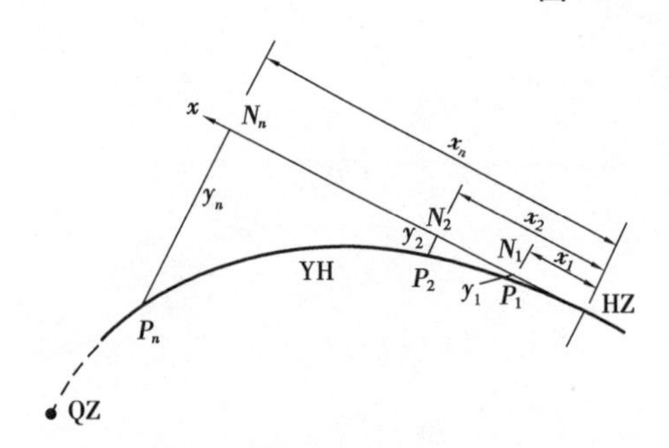

图 3.17　曲线切线支距示意图

b. 自 HY 点沿 HY 点的切线方向量 $P_1, P_2 \cdots$ 的坐标 $x_1, x_2 \cdots$，得垂足 $N_1, N_2 \cdots$，并用测钎标记。

c. 依次在 $N_1, N_2 \cdots$ 用十字方向架定出垂线方向，分别沿各垂线方向量坐标 $y_1, y_2 \cdots$，即得 P_1，$P_2 \cdots$ 桩位，钉木桩或用测钎标记。

④测设 HZ ~ YH 段。

a. 如图 3.17 所示，自 HZ 点沿切线向 JD_2 量 $P_1, P_2 \cdots$ 的坐标 $x_1, x_2 \cdots$ 得垂足 $N_1, N_2 \cdots$ 并用测钎标记。

b. 依次在 $N_1, N_2 \cdots$ 用十字方向架定出垂线方向，分别沿各垂线方向量坐标 $y_1, y_2 \cdots$ 即得 $P_1, P_2 \cdots$ 桩位，钉木桩或用测钎标记。

⑤测设 YH ~ QZ 段。

a. 如图 3.17 所示，自 HZ 点沿切线向 JD_2 量 $P_n, P_{n+1} \cdots$ 的坐标 $x_n, x_{n+1} \cdots$ 得垂足 $N_n, N_{n+1} \cdots$ 并用测钎标记。

b. 依次在 $N_n, N_{n+1} \cdots$ 用十字方向架定出垂线方向，分别沿各垂线方向量坐标 $y_n, y_{n+1} \cdots$ 即得 $P_n, P_{n+1} \cdots$ 桩位，钉木桩或用测钎标记。

(3)校核

目测所测平曲线是否顺适，并丈量相邻桩间的弦长进行校核。

4)注意事项

①计算测设数据时要细心。曲线元素经复核无误后才可计算主点桩号，主点桩号经复核无误后才可计算各桩的测设数据。各桩的测设数据经复核无误后才可进行测设。

②在计算各桩的测设数据 x, y 时，注意不要用错计算公式。

③曲线加桩的测设是在主点桩测设的基础上进行的，因此测设主点桩时要十分细心。

④在丈量切线长、外距、x、y 时，尺身要水平。

⑤当 y 值较大时，用十字方向架定垂线方向一定要细心，把垂线方向定准确，否则会产生较大的误差。

⑥平曲线的闭合差一般不得超过以下规定：

半径方向：±0.1 m；

切线方向：$\pm \frac{L}{1\ 000}$，L 为曲线长。

⑦当时间较紧时，应在实习前计算好测设曲线所需的数据，不能在实习中边算边测，以防时间不够或出错。如时间允许，也可不用实例，而在现场直接选定交点，测定转角后进行曲线测设。

5）实习数据

已知：JD_2 的里程桩号为 K0+986.38，转角 $\alpha_{右}=35°30'$，曲线半径 $R=100$ m，缓和曲线长 $L_s=35$ m（也可根据实习场地的具体情况改用其他数据）。要求桩距为 10 m，用切线支距法详细测设此曲线，并将计算结果填入“切线支距法测设带有缓和曲线段的圆曲线数据记录表”中，并上交 1 份，见表 3.16。

①计算曲线元素。

②计算曲线主点的里程桩号。

③计算各桩的测设数据 x，y，参见本次实习方法与步骤。

④按给定的转角标定路线导线。

a. 选定 JD_2，JD_3，在 JD_2 安置经纬仪。

b. 盘左：以 $JD_2 \rightarrow JD_3$ 为零方向，顺时针拨角 $\beta=180°-\alpha_{右}$，得 A_1 点（A_1 点应接近 JD_1 的欲定位置）。

c. 盘右：以 $JD_2 \rightarrow JD_3$ 为零方向，顺时针拨角 $\beta=180°-\alpha_{右}$，得 A_2 点（A_2 点应接近 JD_1 的欲定位置）。

d. 取 A_1，A_2 的中点为 JD_1。

e. 以 $JD_2 \rightarrow JD_3$ 为零方向，顺时针拨角 $\beta/2=(180°-\alpha_{右})/2$，得分角线方向。

⑤测设曲线主点，参见本次实习方法与步骤。

⑥用切线支距法详细测设平曲线，参见本次实习方法与步骤。

⑦绘制测设草图。

表 3.16　切线支距法测设带有缓和曲线段的圆曲线数据记录表

日期:＿＿＿＿＿＿班级:＿＿＿＿＿＿组别:＿＿＿＿＿＿观测者:＿＿＿＿＿＿记录者:＿＿＿＿＿＿

<table>
<tr><td colspan="2">交点号</td><td colspan="2"></td><td>交点桩号</td><td colspan="2"></td></tr>
<tr><td rowspan="5">转角观测结果</td><td>盘　位</td><td>目　标</td><td>水平度盘读数</td><td>半测回右角值</td><td>右　角</td><td>转　角</td></tr>
<tr><td rowspan="2">盘　左</td><td></td><td></td><td rowspan="2"></td><td rowspan="4"></td><td rowspan="4"></td></tr>
<tr><td></td><td></td></tr>
<tr><td rowspan="2">盘　右</td><td></td><td></td><td rowspan="2"></td></tr>
<tr><td></td><td></td></tr>
<tr><td>曲线元素</td><td colspan="6">$R =$　$L_s =$　$x_H =$　$y_H =$　$\beta =$
$p =$　$q =$　$T_d =$　$c_H =$　$\Delta_H =$
$T_H =$　$L_H =$　$L =$　$E_H =$　$D_H =$</td></tr>
<tr><td>主点柱</td><td colspan="6">ZH 桩号:　HY 桩号:
QZ 桩号:
YH 桩号:　HZ 桩号:</td></tr>
<tr><td rowspan="19">各中桩的测设数据</td><td>测　段</td><td>桩　号</td><td>曲线长</td><td>x</td><td>y</td><td>备　注</td></tr>
<tr><td rowspan="5">ZH ~ HY</td><td></td><td></td><td></td><td></td><td rowspan="5"></td></tr>
<tr><td></td><td></td><td></td><td></td></tr>
<tr><td></td><td></td><td></td><td></td></tr>
<tr><td></td><td></td><td></td><td></td></tr>
<tr><td></td><td></td><td></td><td></td></tr>
<tr><td rowspan="4">HY ~ ZQ</td><td></td><td></td><td></td><td></td><td rowspan="4"></td></tr>
<tr><td></td><td></td><td></td><td></td></tr>
<tr><td></td><td></td><td></td><td></td></tr>
<tr><td></td><td></td><td></td><td></td></tr>
<tr><td rowspan="5">HZ ~ YH</td><td></td><td></td><td></td><td></td><td rowspan="5"></td></tr>
<tr><td></td><td></td><td></td><td></td></tr>
<tr><td></td><td></td><td></td><td></td></tr>
<tr><td></td><td></td><td></td><td></td></tr>
<tr><td></td><td></td><td></td><td></td></tr>
<tr><td rowspan="4">YH ~ QZ</td><td></td><td></td><td></td><td></td><td rowspan="4"></td></tr>
<tr><td></td><td></td><td></td><td></td></tr>
<tr><td></td><td></td><td></td><td></td></tr>
<tr><td></td><td></td><td></td><td></td></tr>
</table>

计算人:　　　　复核人:　　　　教师:

实验12 用偏角法测设带有缓和曲线段的圆曲线

1)目的及要求

①掌握用偏角法测设带有缓和曲线段的圆曲线的方法。

②学会计算曲线测设所需数据。

2)仪器与工具

①经纬仪1台、钢尺或皮尺1把、小目标架3根、测钎6根、记录板1块。

②自备:计算器、铅笔、小刀、计算用纸。

3)实验方法与步骤

(1)主点测设

①选定 JD_1,JD_2,JD_3,目估使路线转角为35°左右,相邻交点间距不小于80 m。

②在 JD_2 安置经纬仪,测定右角、分角线方向,并计算转角。

③假定 JD_2 的里程桩号,根据实习场地的具体情况选定曲线半径 R、缓和曲线长 L_s(也可采用后面算例中的数据)。

④计算曲线元素。

⑤计算曲线主点的里程桩号。

⑥测设曲线主点 ZH,QZ,HZ。

a. 自 JD_2 沿 $JD_2 \to JD_1$ 方向量切线长 T_H 得 ZH 点。

b. 自 JD_2 沿分角线方向量外距 E_H 得 QZ 点。

c. 自 JD_2 沿 $JD_2 \to JD_3$ 方向量切线长 T_H 得 HZ 点。

(2)详细测设

下述测设方法中凡同时给出两个水平度盘读数时,第一个适用于右转角,第二个适用于左转角,图示为右转角。

①计算各桩的测设数据:偏角、弦长及对应的水平度盘读数。

a. ZH ~ HY 段:以 ZH 为测站点,$ZH \to JD_2$ 方向为零方向,用弧长代替弦长,用下式计算偏角：

$$\Delta = \frac{l^2}{6RL_s}\frac{180^\circ}{\pi}$$

式中：l = 待测桩桩号 - ZH 桩号

b. HZ ~ YH 段：以 HZ 为测站点，HZ→JD_2 方向为零方向，用弧长代替弦长，用下式计算偏角：

$$\Delta = \frac{l^2}{6RL_s}\frac{180^\circ}{\pi}$$

式中：l = HZ 桩号 - 待测桩桩号

c. HY ~ YH 段：以 HY 为测站点，HY→ZH 方向为零方向，用下式计算偏角、弦长：

$$\Delta = \frac{l}{2R}\frac{180^\circ}{\pi}$$

$$c = 2R\sin\frac{l}{2R}$$

式中：l = 待测桩桩号 - HY 桩号

②测设 ZH ~ HY 段。

a. 在 ZH 点安置经纬仪，以 ZH→JD_2 方向为起始方向，将该方向的水平度盘读数设置为 0°00′00″，如图 3.18 所示。

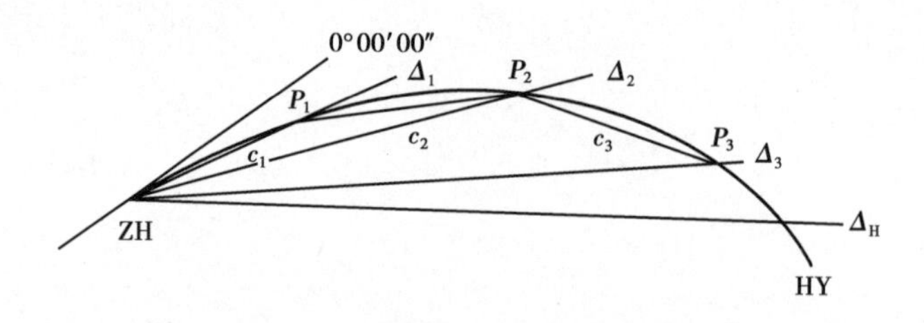

图 3.18　缓和曲线偏角法示意图

b. 拨 P_1 对应的偏角 Δ_1，即转动照准部找到 P_1 对应的水平度盘读数 Δ_1 或 360° - Δ_1，得 ZH→P_1 方向，自 ZH 沿此方向量 ZHP_1对应的弦长得 P_1 桩位，钉木桩或用测钎标记。

c. 转动照准部找到 P_2 对应的水平度盘读数 Δ_2 或 360° - Δ_2，得 ZH→P_2 方向，自 P_1 点量 P_1P_2 对应的弦长与此方向交会得 P_2，钉木桩或用测钎标记。

d. 按 c. 所述方法测设 ZH ~ HY 段其余各中桩。

e. 转动照准部找到 HY 对应的水平度盘读数 Δ_H 或 360° - Δ_H，得 ZH→HY 方向，沿此方向量 c_H 即得 HY 点。

f. 丈量 HY 与前一中桩之间的弦长进行校核，若误差超限，则应重测 ZH ~ HY 段。

③测设 HZ ~ YH 段。

方法与测设 ZH ~ HY 段类同(在 HZ 点安置经纬仪,将 HZ→JD_2 方向的水平度盘读数设置为 0°00′00″。P_n 方向的水平度盘读数应为 $360° - \Delta_n$ 或 Δ_n)。

④测设 HY ~ YH 段。

a. 在 HY 点安置经纬仪,以 HY→ZH 方向为起始方向,将该方向的水平度盘读数设置为 $180° - 2\beta_0/3$ 或 $180° + 2\beta_0/3$,此时,水平度盘读数为 0°00′00″的方向即为 HY 点的切线方向,如图 3.19 所示。

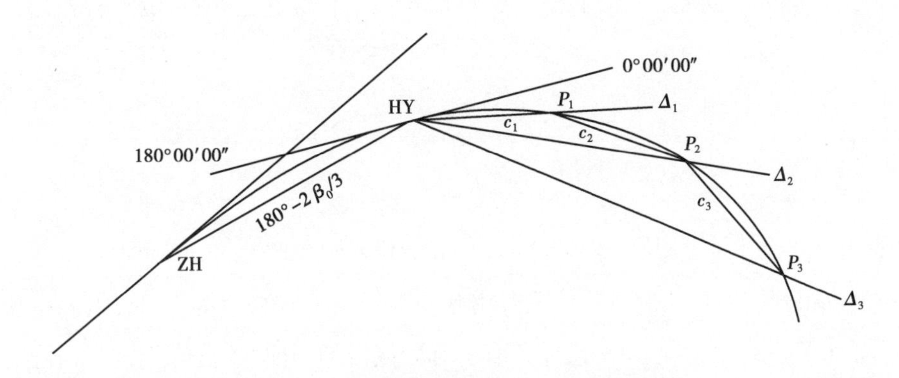

图 3.19　带缓和曲线的圆曲线偏角法示意图

b. 拨 P_1 对应的偏角 Δ_1,即转动照准部找到 P_1 对应的水平度盘读数 Δ_1 或 $360° - \Delta_1$,得 HY→P_1 方向,自 HY 沿此方向量 HYP_1 对应的弦长得 P_1,钉木桩或用测钎标记。

c. 转动照准部找到 P_2 对应的水平度盘读数 Δ_2 或 $360° - \Delta_2$,得 HY→P_2 方向,自 P_1 点量 P_1P_2 对应的弦长与此方向交会得 P_2,钉木桩或用测钎标记。

d. 按 c. 所述方法测设 HY ~ QZ 段其余各桩并测出 QZ,与用主点测设方法测出的 QZ 位置比较,若误差超限,应重测 HY ~ QZ 段。

e. 继续按 c. 所述方法测设至 YH 点,并与已测出的 YH 位置比较,若误差超限,应重测 QZ ~ YH段。

(3)校核

目测所测平曲线是否顺适,并丈量弦长进行校核。

4)注意事项

①计算测设数据时要细心。曲线元素经复核无误后才可计算主点桩号,主点桩号经复核无误后才可计算各桩的测设数据,各桩的测设数据经复核无误后才可进行测设。

②曲线加桩的测设是在主点桩测设的基础上进行的,因此测设主点桩时要十分细心。

③在丈量切线长、外距、弦长时,尺身要水平。

④设置起始方向的水平度盘读数要细心。

⑤平曲线的闭合差一般不得超过以下规定:

半径方向: ±0.1 m;

切线方向: $\pm\frac{L}{1\ 000}$,L 为曲线长。

⑥当时间较紧时,应在实习前计算好测设曲线所需的数据,不能在实习中边算边测,以防时间不够或出错。如时间允许,也可不用实例,而在现场直接选定交点,测定转角后进行曲线测设。

5)实习数据

已知:JD_2 的里程桩号为 K0 +986.38,转角 $\alpha_{右}=35°30'$,曲线半径 $R=100$ m,缓和曲线长 $L_s=35$ m(也可根据实习场地的具体情况改用其他数据),要求桩距为 10 m,用偏角法详细测设此曲线,将计算结果填入"偏角法测设带有缓和曲线段的圆曲线数据记录表",并上交 1 份,见表 3.17。

①计算曲线元素。

②计算曲线主点的里程桩号。

③计算各桩的测设数据,参见本次实验方法与步骤。

④按给定的转角标定路线导线。

a. 选定 JD_2,JD_3,在 JD_2 安置经纬仪。

b. 盘左:以 $JD_2 \to JD_3$ 为零方向,顺时针拨角 $\beta=180°-\alpha_{右}$,得 A_1 点(A_1 点应接近 JD_1 的欲定位置)。

c. 盘右:以 $JD_2 \to JD_3$ 为零方向,顺时针拨角 $\beta=180°-\alpha_{右}$,得 A_2 点(A_2 点应接近 JD_1 的欲定位置)。

d. 取 A_1,A_2 的中点为 JD_1。

e. 以 $JD_2 \to JD_3$ 为零方向,顺时针拨角 $\beta/2=(180°-\alpha_{右})/2$,得分角线方向。

⑤测设曲线主点 ZH,QZ,HZ,参见本次实验方法与步骤。

⑥用偏角法详细测设平曲线,参见本次实验方法与步骤。

⑦绘制测设草图。

表 3.17　偏角法测设带有缓和曲线段的圆曲线数据记录表

日期:＿＿＿＿＿＿班级:＿＿＿＿＿＿组别:＿＿＿＿＿＿观测者:＿＿＿＿＿＿记录者:＿＿＿＿＿＿

交点号		交点桩号	

	盘　位	目　标	水平度盘读数	半测回右角值	右　角	转　角
转角观测结果	盘　左					
	盘　右					

曲线元素	$R =$	$L_s =$	$x_H =$	$y_H =$	$\beta =$
	$p =$	$q =$	$T_d =$	$c_H =$	$\Delta_H =$
	$T_H =$	$L_H =$	$L =$	$E_H =$	$D_H =$

主点桩号	ZH 桩号:	HY 桩号:
	QZ 桩号:	
	YH 桩号:	HZ 桩号:

	测　段	桩　号	曲线长	偏　角	水平度盘读数	弦　长	备　注
各中桩的测设数据	ZH ~ HY						测站点:ZH 起始方向:ZH→JD 起始方向的水平度盘读数:0°00′00″
	HZ ~ YH						测站点:HZ 起始方向:HZ→JD 起始方向的水平度盘读数:0°00′00″
	HY ~ YH						测站点:HY 起始方向:HY→ZH 起始方向的水平度盘读数:$180° - 2\beta_0/3$

计算人:　　　　　　　　复核人:　　　　　　　　教师:

实验13　用全站仪进行道路边桩的测设

1)目的及要求

①学习用全站仪测设道路边桩的方法。

②掌握道路边桩点坐标的求解方法。

③实验前先准备好实验数据。

④掌握道路边桩坐标计算方法及测设的一般作业步骤。

⑤每4人一组,轮流操作。

2)仪器与工具

①仪器室借领:全站仪1台、棱镜1个、对中杆1个、钢尺或皮尺1把、小目标架3根、测钎6根、记录板1块。

②自备:计算器、铅笔、小刀、计算用纸。

3)实验方法与步骤

(1)实验原理

根据道路中桩的坐标和中桩与边桩的关系便可确定出边桩的坐标,然后用全站仪进行测设。

(2)实验步骤

①架设全站仪,对中整平,具体步骤为:

a.将全站仪由箱中取出,双手握住仪器的支架;或一手握住支架,一手握住基座,严禁单手提取望远镜部分。

b.整平仪器,整置方法同普通经纬仪一样,反复整平,直至仪器转到任何位置时气泡都居中,或者离开中心位置不超过一格。量取仪器高。

c.熟悉各螺旋的用途,练习使用。

d.练习用望远镜精确瞄准远处的目标,检查有无视差,如有视差,则转动对光螺旋消除视差。

②进行定向,输入测站点坐标、定向点坐标、仪器高和目标高。

③输入放样点的坐标或者从内存中提取。

④依据全站仪给定的角度方向值,确定放样点的方向。

⑤在确定的方向上,依据平距放样出该点位。

4)注意事项

①实验前要复习课本中有关内容,了解实验目的及要求。

②严格遵守测量仪器的使用规则。

③观测程序及记录要严守操作规程。

实验14 道路曲线综合测设

1)目的与要求

①学习用 CASIO fx-4800P 编制各种道路曲线的测设程序。

②掌握道路曲线综合测设方法。

③初步掌握 CASIO fx-4850P 计算器的使用方法。

④掌握利用积分法计算道路曲线上点的坐标的原理。

⑤掌握全站仪的三维坐标的放样。

2)仪器与工具

每组借用全站仪1台(带脚架)、棱镜2个、对中杆2个、CASIO fx-4850P 计算器1台。

3)实验方法及步骤

(1)道路中、边桩坐标计算程序的编写

①源程序。

```
F1  DLZBZZBJS
L1  Lbl 0:Defm 6
L2  {L,M,N}
L3  A"JDX":B"JDY":C"HZDX":D"HZDY":E"HZDL":F"QQDX":G"QQDY":
H"QQDL":K"A(L-R+)":R:S"LS":L:M"DL":N"DR"
```

```
L4  P = B - D:Q = A - C:I = √ (P2 + Q2):Prog  + :V = W
L5  P = G - B:Q = F - A:Prog  +
L6  O = 90S/π/R:P = S2/24/R:Q = S/2 - SXy3/240/R2
L7  K < 0⇒Z = -1: ≠ > Z = 1 ∃
L8  J = Int K + Int (100Frac K)/60 + Frac (100K)/36
L9  T = (R + P)tan(Abs J/2) + Q:U = πR(Abs J - 2O)/180
L10  Z[1] = E + I - T:Z[2] = Z[1] + S:Z[3] = Z[2] + U:Z[4] = Z[3] + S
L11  I = A + Tcos⇒V + 180):J = B + Tsin(V + 180):Z[5] = A + TcosW:Z[6] = B + TsinW
L12  L < E⇒Goto 0 ∃ L > H⇒Goto 0 ∃
L13  L≤Z[1] + .001⇒X = C:Y = D:T = L - E:U = V:Goto 3 ∃
L14  L≥Z[4]⇒X = Z[5]:Y = Z[6]:T = L - Z[4]:U = W:Goto 3 ∃
L15  L > Z[3]⇒U = Z[4] - L:⇏ U = L - Z[1] ∃
L16  T = 180(U - S)/π/R + O:S = 0⇒Goto 2 ∃ L < Z[2]⇒Goto 1 ∃
L17  L > Z[3]⇒I = Z[5]:J = Z[6]:V = W + 180:Z = ⇒ - Z: ≠ > Goto 2 ∃
L18  Lbl 1:W = U - UXy5/(40R2S2):Y = UXy3/(6RS):Goto 4
L19  Lbl 2:W = R sin T + Q:Y = R(1 - cos T) + P:Goto 4
L20  Lbl 3:X = X + Tcos U□   Y = Y + T sin U□
L21  P = U - 90:Q = U + 90:Goto 5
L22  Lbl 4:X = I + Wcos V - ZY sin V□ Y = J + WsinV + ZYcosV□
L23  P = V + ZT - 90:Q = V + ZT + 90
L24  Lbl 5:M = 0⇒Goto 6 ∃
L25  T" XL" = X + Mcos P□ U" YL" = Y + Msin P□
L26  Lbl 6:N = 0⇒Goto 0 ∃
L27  P" XR" = X + Ncos Q□ Q" YR" = Y + Nsin Q□
L28  Goto 0
F2  +
L1  Q≠0⇒W = tan - 1(P/Q) - 90(Q - Abs Q)/Q:Goto 7 ∃
L2  P < 0⇒W = - 90: ≠ > W = 90 ∃
L3  Lbl 7:W < 0⇒W = W + 360 ∃
```

②程序说明。

本程序可计算直线、圆曲线、缓和曲线(指回旋曲线)及由之形成的各种曲线组合。它需先输入本曲线交点的 x,y 坐标,后曲线终点和前曲线起点的 x,y 坐标及桩号、转角、圆曲线半径、缓和曲线长度等已知数据,然后输入待算点的桩号和左、右边距,即可自动计算并输出(显示)该点的中、边桩坐标。之后继续输入桩号和左右边距数据,则可连续无限次计算任意桩号的中边桩坐标。本程序一次计算的最大桩号范围是后曲线终点至前曲线起点，若要计算超出该范围外的桩号，则需重新启动程序，重新输入交点坐标等已知数据。

③程序中的变量和参数说明。

JDX,JDY——本曲线交点X,Y坐标；

HZDX,HZDY,HZDL——后曲线终点（亦可以是后曲线交点方向线上任何一点，即本程序计算的桩号起点）X,Y坐标和桩号；

QQZX,QQDY,QQDL——前曲线起点（亦可以是前曲线交点方向线上任何一点，即本程序计算的桩号终点）X,Y坐标和桩号；

A(L-,R+)——转角（左转取负，右转取正）；

R,LS——圆曲线半径和缓和曲线长度（无缓和曲线时LS=0）；

L,DL,DR——待算点桩号、左边距、右边距（若不需计算左右边桩坐标，则分别或同时将其置零即可）；

X,Y——待算点中桩X,Y坐标；

XL,YL——待算点左边桩X,Y坐标；

XR,YR——待算点右边桩X,Y坐标。

(2)道路中边桩的测设

道路中边桩的具体测设方法见前述实验内容。

4)注意事项

①实验前要复习课本中有关内容，了解实验目的及要求。

②严格遵守测量仪器的使用规则。

③正确使用CASIO fx-4850P计算器，并注意其安全。

④观测程序及记录要严守操作规程。

5)实验数据

已知某曲线交点$X=91\ 069.056$，$Y=78\ 662.850$；

后曲线终点$X=90\ 278.864$，$Y=78\ 676.266$，$L=K6+000$；

前曲线起点$X=91\ 671.534$，$Y=79\ 134.346$，$L=K7+500$；

转角$\alpha_{右}=39°01'09.1''$；

圆曲线半径$R=2\ 000$ m；

缓和曲线长$L_s=100$ m。

由程序计算得各桩号的中边桩坐标见表3.18，由设计单位提供的各桩号的中边桩坐标见表3.19。

表 3.18　中边桩坐标计算成果

桩号（里程）	中桩		左边桩			右边桩		
	X坐标	Y坐标	边距	X坐标	Y坐标	边距	X坐标	Y坐标
K6 +000	90 278.864	78 676.266	30	90 278.355	78 646.270	30	90 279.373	78 706.262
K6 +031.619	90 310.478	78 675.729	30	90 309.969	78 645.734	30	90 310.988	78 705.725
K6 +131.619	90 410.472	78 674.865	30	90 410.713	78 644.866	30	90 410.231	78 704.864
K6 +650	90 922.516	78 745.780	30	90 930.437	78 716.845	30	90 914.594	78 774.715
K6 +672.632	90 944.310	78 751.879	30	90 952.559	78 723.035	30	90 936.062	78 780.723
K7 +000	91 250.308	78 867.188	30	91 263.146	78 840.074	30	91 237.470	78 894.302
K7 +393.646	91 587.270	79 069.460	30	91 569.378	79 093.540	30	91 605.163	79 045.380
K7 +493.646	91 666.530	79 130.430	30	91 685.019	79 106.805	30	91 648.041	79 154.055
K7 +500	91 671.534	79 134.346	30	91 690.023	79 110.721	30	91 653.045	79 157.971

表 3.19　中边桩坐标设计数据

桩号（里程）	中桩		左边桩			右边桩		
	X坐标	Y坐标	边距	X坐标	Y坐标	边距	X坐标	Y坐标
K6 +000	90 278.864	78 676.266	30	90 278.355	78 646.270	30	90 279.373	78 706.262
K6 +031.619	90 310.478	78 675.729	30	90 309.969	78 645.733	30	90 310.988	78 705.725
K6 +131.619	90 410.472	78 674.865	30	90 410.713	78 644.866	30	90 410.231	78 704.864
K6 +650	90 922.516	78 745.780	30	90 930.436	78 716.845	30	90 914.593	78 774.715
K6 +672.632	90 944.310	78 751.879	30	90 952.558	78 723.035	30	90 936.062	78 780.723
K7 +000	91 250.308	78 867.188	30	91 263.146	78 840.074	30	91 237.470	78 894.302
K7 +393.646	91 587.270	79 069.460	30	91 569.378	79 093.540	30	91 605.163	79 045.380
K7 +493.646	91 666.530	79 130.430	30	91 685.019	79 106.804	30	91 648.041	79 154.055
K7 +500	91 671.534	79 134.346	30	91 690.023	79 110.720	30	91 653.045	79 157.971

4 测量典型作业

1)测量中三大计算公式

(1)坐标正算

如图 4.1 所示,支导线计算的起算数据为:M(285.189,287.354),N(271.546,886.752)。观测数据为:$\beta=84°26'24''$,$D=218.438$ m。试计算 P 点的坐标值。

(2)坐标反算

已知 A 点的坐标为(437.620,721.324),B 点的坐标为(239.460,196.450),求 AB 边的坐标方位角及其边长。

(3)坐标系的平移旋转变换

写出施坐标与测图坐标相互换算的公式。如图 4.2 所示,已知施工坐标系原点 O' 的测图坐标为:$x_0'=1\ 000.000$ m,$y_0'=900.000$ m,两坐标纵轴之间的夹角 $\alpha=22°00'00''$,控制点 A 的测图坐标为 $x=2\ 112.000$ m,$y=2\ 609.000$ m,试计算 A 点的施工坐标 x' 和 y'。

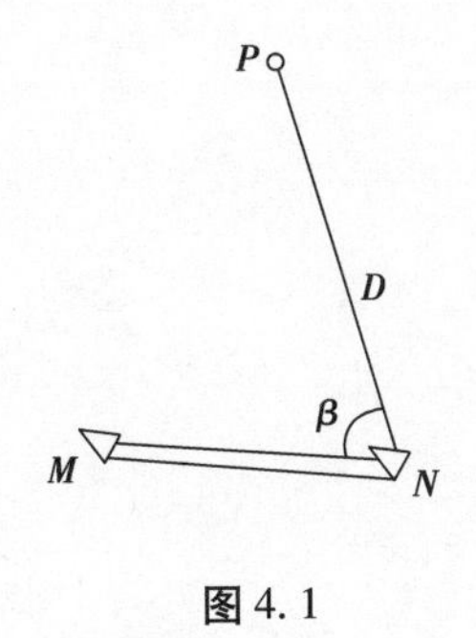

图 4.1

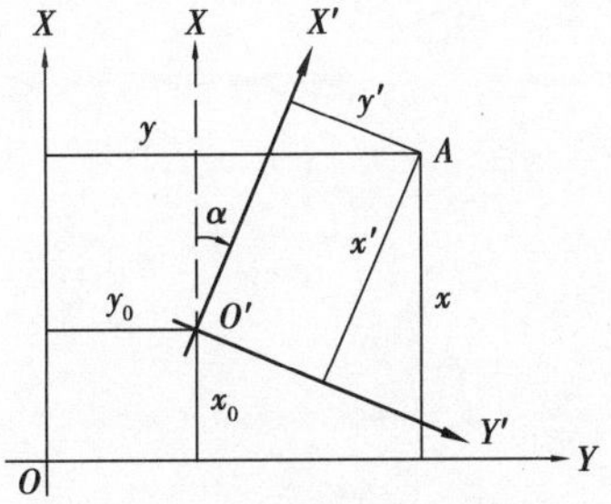

图 4.2

2)观测值中误差、算术平均值中误差之间的关系

普通测量学中认为 n 次等精度观测的算术平均值是最可靠值,算术平均值的中误差与观测值的中误差具有一定关系,请完成:

(1)请用偶然误差的第4个特性和最小二乘法两种方法证明算术平均值是最可靠的。

(2)请写出算术平均值中误差与观测值中误差之间的关系表达式。

(3)请用误差传播定律证明第2小题。

3)地形图应用

根据1:1 000地形图(见芙蓉村地形图,如图4.3所示),求解下列问题:

(1)求 E,F,J 点坐标。

(2)求 I,J 点高程。

(3)用解析法求 EF 水平距离。

(4)用解析法求 EF 坐标方位角 α_{EF} 。

(5)按水平比例尺1:1 000,高程比例尺1:100,作 EF 纵断面图。

(6)求 JK 平均坡度。

(7)由 I 至 F 作 $i\leqslant 20\%$ 的坡度线。

(8)绘出水流过桥梁 G 处的汇水区域。

(9)在图中 $ABCD$ 范围内设计成 a,b,c 点地面高程不允许更改的倾斜场地,确定填挖边界线,并标明填挖。

(10)将 $MNPO$ 范围内的土地整平成水平场地。基于填挖土方量平衡的原则,求设计高程,绘出填挖边界线并标明填、挖。

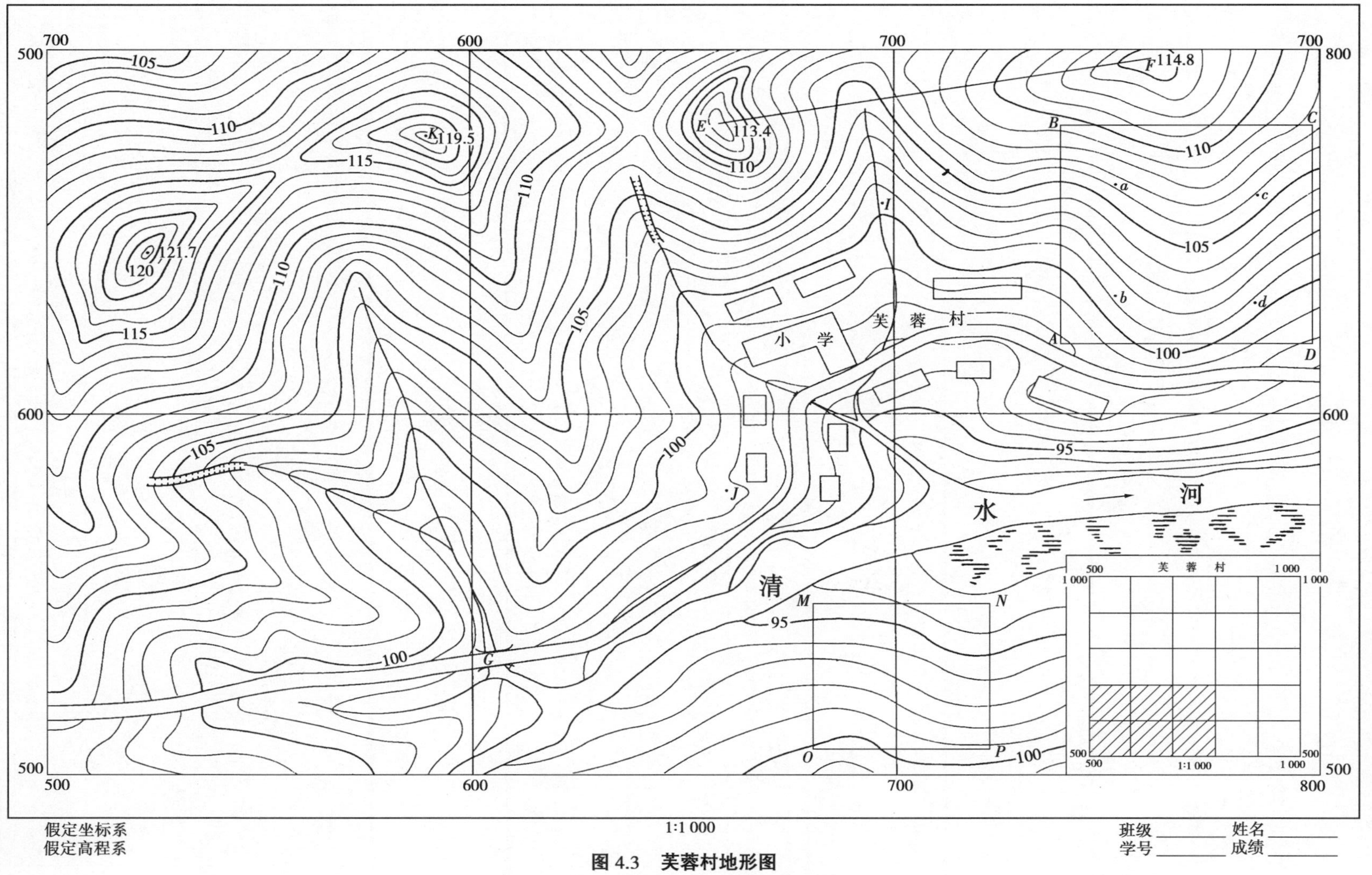

假定坐标系
假定高程系

1:1 000

图 4.3 芙蓉村地形图

班级______ 姓名______
学号______ 成绩______

附　录

附录1　实习考核方法及标准

附表1　实习考核方法及标准

考核指标	指标内涵	考核标准	考核方法	备　注
1. 基本测量作业（30分）	水平角观　测	(1)经纬仪安置(5分) (2)水平角观测(5分) (3)记录与计算(5分)	操作考试	个人操作
	水准测量	(1)四等水准观测(5分) (2)四等水准记录与计算(5分)	操作考试	个人操作
2. 图根控制测量（20分）	平面控制 高程控制	(1)控制点布设 (2)控制网观测记录(10分) (3)控制网计算结果(10分)	根据作业情况、成果情况评定	个人计算
3. 地形图测绘（20分）	外业数据采集与手工成图	(1)碎部点测取(10分) (2)手工成图(10分)	根据作业情况、成果情况评定	小组成果
	计算机成图	(1)计算机成图(参照指标)	根据作业情况、成果情况评定	
	地形图数字化	(1)地形图数字化(参照指标)	根据作业情况、成果情况评定	
4. 综合表现（30分）	综合能力	(1)知识综合运用能力(5分) (2)分析和解决问题能力(5分) (3)创新能力(5分)	根据作业情况、成果情况评定	个人表现
	综合素质	(1)诚信与遵纪守法(7分) (2)团队与吃苦耐劳精神(8分)	根据作业情况、成果情况评定	个人表现

附录 2　基本测量工作施测考试规则

为了加强基本测量仪器操作训练，提高基本测量仪器熟练操作能力和基本测量作业技能，在测量学实验与实习期间，计划安排基本测量仪器操作考试，具体规则如下：

1) 考试内容

①水平角观测。
②四等水准测量。

2) 考试时间与地点

时间：待定。
地点：自选实习考核场地。

3) 水平角观测考试要求

①水平角观测考试内容：包括经纬仪（DJ6）对中与整平、水平角观测与记录。方向数为3，测回数为2，但要求归零。观测限差：半测回归零差为 ±18″，同一方向各测回互差为 ±24″。

②考试中，每 2 人一组，1 人观测，1 人记录，然后互换。根据每人仪器安置、观测、记录及观测成果情况记个人成绩。

③成绩评定标准。

a. 经纬仪安置成绩评定标准，见附表 2。

附表 2　经纬仪对中整平成绩评定标准

完成时间	3 分钟以内	3 ~ 5 分钟	5 ~ 8 分钟	8 分钟以上
成　绩	10 分	8 分	6 分	0 分

b. 水平角观测成绩评定标准，见附表 3。

附表 3　水平角观测成绩评定标准

完成时间	15 分钟以内	15 ~ 25 分钟	25 ~ 35 分钟	35 分钟以上
成　绩	15 分	10 分	7 分	0 分

c. 记录计算成绩评定标准：观测结束后 5 分钟以内，完成记录与计算，得 5 分。

说明：a. 考试中，要求不得出现操作、观测、记录与计算错误，方可获得上述相应等级成绩，否则以零分计；b. 考试过程中，不得弄虚作假，伪造成果，否则以零分计，并严肃处理。

4）水准测量考试要求

①水准测量考试内容：按四等水准测量技术要求施测一闭合环，包括测站观测与记录计算、环线闭合差计算。

②考试中，每 4 人一组，观测者和记录者从小组成员中现场随机抽取，根据观测、记录与计算及观测成果，记小组成绩。

③成绩评定标准，见附表 4。

附表 4　水准测量成绩评定标准

完成时间	30 分钟以内	30 ~ 40 分钟	40 ~ 50 分钟	50 分钟以上
成绩	10 分	8 分	6 分	0 分

说明：a. 考试中，要求不得出现操作、观测、记录与计算错误，方可获得上述相应等级成绩，否则以零分计；b. 考试过程中，不得弄虚作假，伪造成果，否则以零分计，并严肃处理。

附录 3　大比例尺地形图测绘技术要求

技术要求依据为《城市测量规范》（CJJ 8—99）、《1∶500，1∶1 000，1∶2 000 地形图图式》（GB/T 7929—1995）。

1）一般规定

①坐标系统可采用国家坐标系、独立坐标系，由实习指导教师统一选定。

②测图比例尺可选用 1∶500，1∶1 000，由实习指导教师根据任务和地形情况统一确定。

③地形图基本等高距根据地形类别和用途的需要，按附表 5 的规定由实习指导教师统一确定。

④地形图符号注记执行《1∶500，1∶1 000，1∶2 000 地形图图式》（GB/T 7929—1995）的规定。对图式中没有规定的符号，由实习指导教师统一规定，不得自行设计使用。

⑤地形图分幅采用正方形，规格为 40 cm × 50 cm；图号以图廓西南角坐标公里数为单位

编号,X在前,Y在后,中间用短线连接(如:1∶1 000,10.5-21.5)。

附表5　基本等高距　　单位:m

基本等高距	平　地	丘　陵	山　地	高山地
1∶500	0.5	1.0(0.5)	1.0	1.0
1∶1 000	0.5(1.0)	1.0	1.0	2.0
1∶2 000	1.0	1.0(2.0)	2.0(2.5)	2.0(2.5)

注:括号内的等高距以用图需要选用。

⑥图根控制点相对于起算点的平面点位中误差不超过图上0.1 mm,高程中误差不得大于测图基本等高距的1/10。

⑦测站点相对于邻近图根点的点位中误差,不得大于图上0.3 mm;高程中误差:平地不得大于1/10基本等高距,丘陵地不得大于1/8基本等高距,山地、高山地不得大于1/6基本等高距。

⑧图上地物点相对于邻近图根点的点位中误差与邻近地物点间距中误差,应符合附表6的规定。

附表6　图上地物点点位中误差与间距中误差　　单位:mm

地区分类	点位中误差	邻近地物点间距中误差
城市建筑区和平地、丘陵地	≤0.5	≤ ±0.4
山地、高山地和设站施测困难的旧街坊内部	≤0.75	≤ ±0.6

注:森林隐蔽等特殊困难地区,可按表中规定值放宽50%。

⑨地形图高程精度规定:城市建筑区和基本等高距为0.5 m的平坦地区,其高程注记点相对于邻近图根点的高程中误差不得大于0.15 m。其他地区地形图高程精度应以等高线插求点的高程中误差来衡量。等高线插求点相对于邻近图根点的高程中误差,应符合附表7的规定。

附表7　等高线插求点的高程中误差

地形类别	平　地	丘陵地	山　地	高山地
高程中误差(等高距)	≤1/3	≤1/2	≤2/3	≤1

注:森林隐蔽等特殊困难地区,可按表中规定值放宽50%。

2)图根控制测量

图根点是直接供测图使用的平面和高程依据,宜在首级控制点下加密。

图根点的密度应根据测图比例尺和地形条件而定,传统测图方法平坦开阔地区图根点的密度不宜小于附表8的规定。地形复杂、隐蔽以及城市建筑区,应以满足测图需要并结合具体情况加大密度。

附表8　平坦开阔地区图根点的密度　　单位:点/km²

测图比例尺	1:500	1:1 000	1:2 000
图根点密度	150	50	15

图根控制点应选在土质坚实、便于长期保存、便于仪器安置、通视良好、视野开阔、便于测角和测距、便于施测碎部点的地方。要避免将图根点选在道路中间。图根点选定后,应立即打桩并在桩顶钉一小钉或画"+"作为标志;或用油漆在地面上画"⊕"作为临时标志并编号。当测区内高级控制点稀少时,应适当埋设标石,埋石点应选在第一次附合的图根点上,并应做到至少能与另一个埋石点互相通视。

(1)图根平面控制测量

图根平面控制点的布设可采用图根导线、图根三角锁(网)方法,不宜超过二次附合,图根导线在个别极困难的地区可附合3次。局部地区可采用光电测距极坐标法和交会点等方法,亦可以采用GPS测量方法布设。

图根导线测量的技术要求应符合附表9的规定。因地形限制图根导线无法附合时,可布设支导线。支导线不多于4条边,长度不超过450 m,最大边长不超过160 m。边长可单程观测1测回。水平角观测首站应连测两个已知方向,采用DJ6光学经纬仪观测1测回,其他站水平角应分别测左、右角各1测回,其固定角不符值与测站圆周角闭合差均不应超过±40″。

附表9　图根电磁波测距附合导线的技术要求

比例尺	平均边长/m	导线全长/m	导线全长相对闭合差/m	方位角闭合差/(″)	水平角测回数(DJ6)	测距	
						仪器类型	方法与测回数
1:500	80	900	≤1/4 000	$\leqslant \pm 40\sqrt{n}$	1	Ⅱ级	单程观测1测回
1:1 000	150	1 800					
1:2 000	250	3 000					

图根三角锁(网)的平均边长不宜超过测图最大视距的1.7倍。传距角不宜小于30°,特殊情况下个别传距角也不宜小于20°。线形锁三角形的个数不应超过12个。图根三角锁(网)的水平角,应使用DJ6级仪器并采用方向观测法观测1测回。当观测方向多于3个时应归零。图根三角锁(网)水平角观测各项限差应符合附表10的规定。

采用交回测量时,其交会角度应在30°~150°。前、侧方交会应有3个方向,后方交会$(\alpha+\beta+\delta)$不应在160°~200°。交会边长不宜大于$0.5M$(m)(M为测图比例尺分母),点位应避免落在危险圆范围内。

附表 10　图根三角锁(网)的技术要求

仪器类型	测回数	测角中误差	半测回归零差	三角形闭合差	方位角闭合差/(″)
DJ6	1	≤±20″	24″	≤±60″	$\leq \pm 40\sqrt{n}$

当局部地区图根点密度不足时,可在等级控制点或一次附合图根点上,采用光电测距极坐标法布点加密,平面位置测量的技术要求应符合附表 11 的规定。采用光电测距极坐标所测的图根点,不应再行发展,且一幅图内用此法布设的点不得超过图根点总数的 30%。条件许可时,宜采用双极坐标测量,或适当检测各点的间距;当坐标、高程同时测定时,可变动棱镜高度两次测量,以作校核。两组坐标较差、坐标反算间距较差均不应大于图上 0.2 mm。

附表 11　光电测距极坐标法测量技术要求

项　目	仪器类型	方　法	测回数	最大边长			固定角不符值
				1:500	1:1 000	1:2 000	
测　距	Ⅱ级	单程观测	1	200	400	800	—
测　角	DJ6	方向法,连测两个已知方向	1	—	—	—	≤±40″

注:①边长不宜超过定向边长的 3 倍;

②采用双极坐标测量时,每测站只联测一个已知方向,测角、测距均为 1 测回,两组坐标较差不超限时,取其中数。

图根三角锁(网)和图根导线均可采用近似平差。计算时角值取至秒, 边长和坐标取至厘米。

单三角锁坐标闭合差,不应大于图上 $\pm 0.1\sqrt{n_t}$(mm)(n_t 为三角形个数)。线形锁重合点或测角交会点的两组坐标较差,不应大于图上 0.2 mm。实量边长与计算边长较差的相对误差,不应大于 1/1 500。

(2)图根点高程测量

图根点的高程,当基本等高距为 0.5 m 时,应用图根水准、图根光电测距三角高程或 GPS 测量方法测定;当基本等高距大于 0.5 m 时,可用图根经纬仪三角高程测定。

图根水准测量应起闭于高等级高程控制点上,可沿图根点布设为附合路线、闭合环或结点网,对起闭于一个水准点的闭合环,必须先行检测该点高程的正确性。高级点间附合路线或闭合环线长度不得大于 8 km,结点间路线长度不得大于 6 km,支线长度不得大于 4 km。使用不低于 DS10 级的水准仪(i 角应小于 30″),按中丝读数法单程观测(支线应往返测),估读至毫米。水准测量技术要求应符合附表 12、附表 13 的规定。图根水准计算可简单配赋,高程应取至 cm。

附表 12　水准测量的主要技术要求

等　级	每公里高差全中误差/mm	路线长度/km	水准仪的型号	水准尺	观测次数		往返较差、附合或环线闭合差	
					与已知点联测	符合或环　线	平地/mm	山地/mm
三　等	6	≤50	DS1	铟　瓦	往　返各一次	往一次	$12\sqrt{L}$	$4\sqrt{n}$
			DS3	双　面		往　返各一次		
四　等	10	≤16	DS3	双　面	往　返各一次	往一次	$20\sqrt{L}$	$6\sqrt{n}$
五　等	15	—	DS3	单　面	往　返各一次	往一次	$30\sqrt{L}$	—

注：L 为附合路线或环线长度，n 为测站数。

附表 13　水准测量测站限差

等　级	视线长度/m	前后视距差/m	前后视距累积差/m	黑红面读数差/mm	黑红面高差之差/mm
四　等	80	5	10	3	5
等　外	100	20	100	4	6

图根三角高程导线应起闭于高等级控制点上，其边数不应超过 12 条，边数超过规定时，应布设成结点网。图根三角高程导线垂直角应对向观测；光电测距极坐标法图根点垂直角可单向观测 1 测回，变换棱镜高度后再测一次；独立交会点亦可用不少于 3 个方向（对向为两个方向）单向观测的三角高程推求，其中测距要求同图根导线。图根三角高程测量的技术要求应符合附表 14 的规定。

附表 14　电磁波测距高程导线的主要技术指标

仪器类型	中丝法测回数		指标差较差、垂直角较差/(″)	对向观测高差、单程两次高差较差/m	各方向推算的高程较差/m	附合或环形闭合差	
	经纬仪三角高程测量	光电测距三角高程测量				经纬仪三角高程测量	光电测距三角高程测量
DJ6	1	对向 1 单向 2	≤25	$\leqslant 0.4\times S$	$\leqslant 0.2\times H_C$	$\leqslant \pm 0.1H_C\sqrt{n_S}$	$\leqslant \pm 40\sqrt{[D]}$

注：①S 为边长（km），H_C 为基本等高距（m），n_S 为边数，D 为距边边长（km）；

②仪器高和目标高应准确量取至 mm，高差较差或高程较差在限差内时取其中数。

当边长大于 400 m 时，应考虑地球曲率和折光差的影响。计算三角高程时，角度取至秒，高差应取至厘米。

3)大比例尺地形图测绘

(1)测图前的准备

传统地形测图开始前,应做好下列准备工作:

①抄录控制点平面和高程成果。

②在原图纸上绘制方格网和图廓线,展绘所有控制点。

③检查和校正仪器。

④踏勘了解测区的地形情况、平面和高程控制点的位置和完好情况。

⑤拟订作业计划。

传统测图使用的仪器应符合下列要求:

①视距乘常数应在(100 ±0.1)以内。

②垂直度盘指标差不应大于 ±1′。

③比例尺长度误差不应大于0.2 mm。

④量角器直径不应小于20 cm,偏心差不大于0.2 mm。

在原图纸上展绘图廓点、线、坐标格网以及所有控制点。各类点、线的展绘误差应符合附表15的规定。

附表15　展点误差

项　目	限差/mm
方格网线粗度与刺孔直径	0.1
图廓对角线长度与理论长度之差	0.3
图廓边长、格网长度与理论长度之差	0.2
控制点量测长度与坐标反算长度之差	0.2

数字测图开始前,应做好下列准备工作:

①检查和校正用于数字测图的仪器、设备等硬件和数字成图软件。

②抄录控制点平面和高程成果,并将其存入全站仪。

③踏勘了解测区的地形情况、平面和高程控制点的位置和完好情况。

④拟订作业计划。

(2)地形图测绘技术要求

①基本要求。

传统测图时,测绘地物、地貌应遵守"看不清不绘"的原则。地形图上的线划、符号和注记应在现场完成。

测图过程中应认真进行自检自校。每测站工作完毕后,应对照实地检查地物地貌是否表示完整,是否有遗漏,综合取舍是否恰当。

按基本等高距测绘的等高线为首曲线。从零米算起,每隔4根首曲线加粗一根计曲线,并在计曲线上注明高程,字头朝向高处,但需避免在图内倒置。山顶、鞍部、凹地等不明显处等高线应加绘示坡线。当首曲线不能显示地貌特征时,可测绘间曲线。城市建筑区和不便于绘等高线的地方,可不绘等高线。

高程注记点分布应符合下列规定:

• 地形图上高程注记点应分布均匀,丘陵地区高程注记点间距宜符合附表16的规定。

附表16　丘陵地区高程注记点间距

比例尺	1:500	1:1 000	1:2 000
高程注记点间距/m	15	30	50

• 山顶、鞍部、山脊、山脚、谷底、谷口、沟底、沟口、凹地、台地、河川湖池岸旁、水崖线上以及其他地面倾斜变换处,均应测高程注记点。

• 城市建筑区高程注记点应测至街道中心线、街道交叉中心、建筑屋墙基脚和相应的地面、管道检查井井口、桥面、广场、较大的庭院内或空地上以及地面倾斜变换处。

• 基本等高距为0.5 m时,高程注记点应注至cm;基本等高距大于0.5 m时,可注至dm。

地形原图铅笔整饰应符合下列规定:

• 地物、地貌各要素,应主次分明、线条清晰、位置准确、交接清楚。

• 高程注记的数字,字头朝北,书写应清楚整齐。

• 各项地物、地貌均应按规定符号绘制。

• 各项地理名称注记位置应适当,并检查有无遗漏或不明之处。

• 等高线须合理、光滑、无遗漏,并与高程注记点相适应。

• 图幅号、方格网坐标、测图者姓名及测图时间应书写正确齐全。

②传统测图技术要求。

大比例传统地形测图可选用大平板仪、经纬仪配合半圆仪等方法进行。

传统测图时,施测碎部点可采用极坐标法、方向交会法、距离交会法、方向距离交会法、直角坐标法等进行。

仪器的安置及测站上的检查应符合下列规定:

• 仪器对中误差不应大于图上0.05 mm。

• 以较远的一点标定方向,其他点进行检查。采用经纬仪测绘时,其角度检测值与原角值之差不应大于2′。每站测图过程中,应随时检查定向点方向,采用经纬仪测图时归零差不应大于4′。

• 检查另一测站点高程,其较差不应大于1/5基本等高距。

传统测图时,地物点、地形点最大视距长度应符合附表17的规定。

附表 17 碎部点的最大视距长度

比例尺	最大视距长度/m	
	地物点	地形点
1:500	—	70
1:1 000	80	120
1:2 000	150	200

注:①1:500 比例尺测图时,在建成区和平坦地区以及丘陵地区,地物点的距离应采用皮尺量距或电磁波测距,皮尺丈量最大长度为 50 m;

②山地、高山地地物点最大视距可按地形点要求。

(3)地形图测绘内容及取舍

地形图应表示测量控制点、居民地和垣栅、工矿建(构)筑物及其他设施、交通及附属设施、管线及附属设施、水系及附属设施、境界、地貌和土质、植被等要素,并对各要素进行名称注记、说明注记及数字注记。

地物、地貌各要素的表示方法和取舍原则,除应按现行国家标准《1:500,1:1 000,1:2 000 地形图图式》(GB/T 7929—1995)执行外,还应符合下列规定:

①各级测量控制点均应展绘在原图板上并加注记。水准点按地物精度测定平面位置,图上应表示。

②测绘居民地和垣栅。居民地按实地轮廓测绘,房屋以墙基为准正确测绘出轮廓线,并注记建材质料和楼房层次,依据不同结构、不同建材质料、不同楼房层次等情况进行分割表示。1:500,1:1 000 测图房屋一般不综合,临时性建筑物可舍去;1:2 000 测图可适当综合取舍,居民区内的次要巷道图上宽度小于 0.5 mm 的可不表示,天井、庭院在图上小于 6 mm^2 以下的可综合,房屋层次及建材根据需要注出。建筑物、构筑物轮廓凸凹在图上小于 0.5 mm 时可用直线连接。道路通过散列式居民地不宜中断,按真实位置绘出。

城区道路以路缘线测出街道边沿线,无路缘线的按自然形成的边线表示。街道中的安全岛、绿化带及街心花园应绘出。

依比例尺表示垣栅,准确测出基部轮廓并配置相应的符号;不以比例尺的垣栅测绘出定位点、线并配置相应的符号。

街道的中心处、交叉处、转折处及地面起伏变化处,重要房屋、建筑物基部转折处,庭院中,各单位的出入口等择要测注高程点,垣栅的端点及转折处也要择要测注高程点。

③工矿建(构)筑物及其他设施的测绘包括矿山开采、勘探、工业、农业、科学、文教、卫生、体育设施和公共设施等,地形图上应正确表示。以比例尺表示的应准确测出轮廓,配置相应的符号并根据产品的名称或设施的性质加注文字说明;不以比例尺表示的设施应准确测定定位点、定位线的位置,并加注文字说明。

凡具有判定方位、确定位置、指示目标的设施应测注高程点，如入井口、水塔、烟囱、打谷场、雷达站、水文站、岗亭、纪念碑、钟楼、寺庙、地下建筑物的出入口等。

④独立地物是判定方位、指示目标、确定位置的重要依据，必须准确测定位置。独立地物多的地区，优先表示突出的，其余可择要表示。

⑤交通及附属设施的测绘。所有的铁路、有轨车道、公路、大车路、乡村路均应测绘。车站及附属建筑物、隧道、桥涵、路堑、路地、里程碑等均需表示。在道路稠密地区，次要的人行道可适当取舍。铁路轨顶（曲线要取内轨顶）、公路中心及交叉处、桥面等应测取高程注记点，隧道、涵洞应测注底面高程。公路及其他双线道路在大比例尺图上按实宽依比例尺表示，若宽度在图上小于0.6 mm时，则用半比例尺符号表示。公路、街道按路面材料划分为水泥、沥青、碎石、砾石、硬砖、砂石等，以文字注记在图上。辅面材料改变处应用点线分离。出入山区、林区、沼泽区等通行困难地区的小路，以及通往桥梁、渡口、山隘、峡谷及其特殊意义的小路一般均应测绘。居民地间应有道路相连并尽量构成网状。

1:500，1:1 000测图铁路依比例尺表示铁轨轨迹位置，1:2 000测图测绘铁路中心位置用不依比例尺符号表示。电气化铁路应测出电杆（铁塔）的位置。火车站的建筑物按居民地要求测绘并加注名称。车站的附属设施如站台、天桥、地道、信号机、车档、转车盘等均按实际位置测出。

公路按其技术等级分别用高速公路、等级公路（1～4级）、等外公路按实地状况测绘并注记技术等级代码。国家干线还要注记国道线编号。等级公路应注记铺面宽和路基宽度。道路在同一水平高度相交时，中断低一级的道路符号，不再同一水平相交的道路交叉处应绘以桥梁或其他相应的地形符号。

桥梁是联结铁路、公路、河运等交通的主要纽带，正确表示桥梁的性质、类别，按实地状况测绘出桥头、桥身的准确位置，并根据建筑结构、建材质料加注文字说明。

正确表示河流、湖泊、海域的水运情况。码头、渡口、停泊场、航行标志、航行险区均应测绘。

对铁路、公路、大车路等道路图上每隔10～15 cm及路面坡度变化处应测注高程点。桥梁、隧道、涵洞底部、路堑、路堤的顶部应测注高程，路堑、路堤亦要测注比高。当高程注记与比高注记不以区分时，在比高数字前加“+”号。

⑥管线及附属设施的测绘。正确测绘管线的实地定位点和走向特征，正确表示管线类别。

永久性电力线、通信线及其电杆、电线架、铁塔均应实测位置。电力线应区分高压线和低压线。居民地内的电力线、通信线可不连线，但应在杆架处绘出连线方向。

地面和架空的管线均应表示，并注记其类别。地下管线根据用途需要决定表示与否，但入口处和检修井需表示。管道附属设施均应实测位置。

⑦水系及附属设施的测绘。海岸、河流、湖泊、水库、运河、池塘、沟渠、泉、井及附属设施

等均应测绘。海岸线以平均大潮高潮所形成实际痕迹线为准,河流、湖泊、池塘、水库、塘等水压线一般按测图时的水位为准。高水界按用图需要表示。溪流宽度在图上大于0.5 mm 的用双线依比例尺表示,小于0.5 mm 的用单线表示;沟渠宽度图上大于1 mm(1:2 000 测图大于0.5 mm)的用双线表示,小于1 mm(1:2 000 测图小于0.5 mm)的用单线表示,表示固定水流方向及潮流向。水深和等深线按用图需要表示。干出滩按其堆积物和海滨植被实际表示。水利设施按实地状况、建筑结构、建材质料正确表示。较大的河流、湖、水库,按需要施测水位点高程及注记施测日期。河流交叉处、时令河的河床、渠的底部、堤坝的顶部及坡脚、干出滩、泉、井等要测注高程,瀑布、跌水测注比高。

⑧境界的测绘。正确表示境界的类别、等级及准确位置。行政区划界有相应等级政府部门的文件、文本作依据。县级以上行政区划界应表示,乡(镇)界按用图需要表示。两级以上境界重合时,只绘高级境界符号,但需同时注出各级名称。自然保护区按实地绘出界线并注记相应名称。

⑨地貌和土质利用等高线,配置地貌符号及高程注记表示。当基本等高距不能正确显示地貌形态时加绘间曲线,不能用等高线表示的天然和人工地貌形态需配置地貌符号及注记。居民地中可不绘等高线,但高程注记点应能显示坡度变化特征。各种天然形成和人工修筑的坡、坎,其坡度在70°以上时表示为陡坎,在70°以下表示为斜坡。斜坡在图上投影宽度小于2 mm时宜表示为陡坎并测注比高,当比高小于1/2 等高距时,可不表示。梯田坎坡顶及坡脚在图上投影大于2 mm 以上实测坡脚,小于2 mm 时测注比高,当比高小于1/2 等高距时,可不表示。梯田坎较密,若两坎间距在图上小于10 mm 时可适当取舍。断崖应延其边沿以相应的符号测绘于图上。冲沟和雨裂视其宽度按图式在图上分别以单线、双线或陡壁冲沟符号绘出。

为了便于判读,每隔4 根等高线描绘一根计曲线,当两根计曲线的间隔小于图上2.0 mm时,只绘计曲线。应选适当位置在计曲线上注记等高线高程,其数字的自头应朝向坡度升高的方向。在山顶、鞍部、凹地、陷地、盆地、斜坡不够明显处及图廓边附近的等高线上,应适当绘出示坡线。等高线如遇路堤、路堑、建筑物、石坑、断崖、湖泊、双线河流以及其他地物和地貌符号时应间断。各种土质按图式规定的相应符号表示。应注意区分沼泽地、沙地、岩石地、露岩地、龟裂地、盐碱地。

⑩植被。应表示出植被的类别和分布范围。地类界按实地分布范围测绘,在保持地类界特征前提下,对凹进凸出部分图上小于5 mm 可适当综合,地类界与地面上有实物的线状符号(道路、河流、坡坎等)重合或接近平行且间隔小于2 mm 时,地类界可省略不绘,当遇境界、等高线、管线等符号重合时,地类界移位0.2 mm 绘出。

耕地需区分稻田、旱地、菜地及水生经济作物地。以树种和作物名称区分园地类别并配置相应的符号。林地在图上大于25 cm^2 以上的须注记树名和平均树高,有方位和纪念意义的独立树要表示。田埂宽度在图上大于1 mm(1:500 测图2 mm)以上用双线表示。在同一地段内生长多种植物时,图上配置符号(包括土质)不超过 3 种。田角、田埂、耕地、园地、林地、草地均需测注高程。

⑪注记。地形图上应对行政区划、居民地、城市、工矿企业、山脉、河流、湖泊、交通等地理名称调查核实,正确注记。注记使用的简化字应按国务院颁布的有关规定执行。图内使用的地方字应在图外注明其汉语拼音和读音。注记使用的字体、字级、字向、字序形式按《1:500,1:1 000,1:2 000 地形图图式》(GB/T 7929—1995)执行。

(4)地形图的拼接

每幅图应测出图廓外 5 mm,自由图边在测绘过程中应加强检查,确保无误。

地形图接边只限于同比例尺同期测绘的地形图。接边限差不应大于表 5、表 6 规定的平面、高程中误差的 $2\sqrt{2}$倍。接边误差超过限差时,应现场检查改正,如不超过限差,平均配赋其误差。接边时线状地物的拼接不得改变其真实形状及相关位置,地貌的拼接不得产生变形。

(5)地形图的检查与验收

地形图的检查包括自检、互检和专人检查。在全面检查认为符合要求之后,即可予以验收,并按质量评定等级。

附录 4 CASIO fx-4800P 函数功能清单列表及工程测量常用计算器程序集

附表 18 CASIO fx-4800P 函数功能清单列表

功能清单	功能概述	功能符号	实现具体对应功能
MATH 数学函数	微积分概率 $\sum$ 计算	$\int dx$	积分
		d/dx	微分
		d^2/dx^2	二次微分
		$\sum$(	$\sum$ 计算
		X!	阶乘
		Ran#	产生 0 ~ 1 的伪随机数
		NPr	排列
		NCr	组合

续表

功能清单	功能概述	功能符号	实现具体对应功能
MATH数学函数	数值计算	Abs	选此项输入一个数可得到其绝对值
		Int	选此项输入一个数可得到整数部分
		Frac	选此项输入一个数可得到分数部分
		Intg	输入数得到不大于此数的最大整数
		Pol(	直角坐标→极坐标转换
		Rec(	极坐标→直角坐标转换
	双曲线函数	sin h	一个数的双曲线正弦值
		cos h	一个数的双曲线余弦值
		tan h	一个数的双曲线正切值
		$\sin h^{-1}$	一个数的反双曲线正弦值
		$\cos h^{-1}$	一个数的反双曲线余弦值
		$\tan h^{-1}$	一个数的反双曲线正切值
	工学记法	M	毫(10^{-3})
		μ	微(10^{-6})
		η	毫微(10^{-9})
		ρ	微微(10^{-12})
		F	毫微微(10^{-15})
		K	千(10^{3})
		M	兆(10^{6})
		G	千兆(10^{9})
		T	兆兆(10^{12})
COMPLX复数计算		Abs	复数的绝对值
		Arg	复数的幅角
		Conjg	共轭复数
		ReP	复数的实部
		ImP	复数的虚部

续表

功能清单	功能概述	功能符号	实现具体对应功能
PROG 程式命令		⇒	条件转移成立符号
		≠⇒	条件转移失败符号
		◺	条件转移结束符号
		Goto	条件转移命令
		Lbl	标记命令
		Dsz	减量命令
		Isz	增量命令
		Pause	暂停命令
		Fixm	变数缩住命令
		{	变数输入命令
		}	变数输出命令
		=	条件转移关系算子
		≠	条件转移关系算子
		>	条件转移关系算子
		<	条件转移关系算子
		≥	条件转移关系算子
		≤	条件转移关系算子
CONST 科技常数		m_p	质子静止质量
		F	法拉第常数
		a_0	玻尔半径
		c	真空中光速
		h	普朗克常数
		G	万有引力常数
		e	基本电荷
		m_e	电子静止质量
		u	原子质量单位
		N_A	阿伏加德罗常数
		k	玻尔兹曼常数
		g	万有引力加速度
		R	摩尔空气常数

续表

功能清单	功能概述	功能符号	实现具体对应功能
CONST 科技常数		ε_0	真空介电常数
		μ_0	真空磁导率
		μ_B	玻尔磁子
		h	变换法朗克常数
		m_n	中子静止质量
		R_∞	Rydberg 常数
		δ	Stefan-Boltzmann 常数
DRG 角度测量单位		Deg	指定“度”作为预定单位
		Rad	指定“弧度”作为预定单位
		Gra	指定“梯度”作为预定单位
		o	指定“度”作为某输入值的单位
		r	指定“弧度”作为某输入值的单位
		g	指定“梯度”作为某输入值的单位
DSP/CLR 显示格式删除	显示格式	Fix	指定小数位数
		Sci	指定有效位数
		Norm	为转换成指数形式指定范围
		Eng	用工程记法计算结果
	删除	Mcl	删除所有变数
		Scl	删除统计记忆器内容
STAT 统计计算		$\overline{X}$	X 的平均值
		$X\sigma_n$	X 的密度标准偏差
		$X\sigma_{n-1}$	X 的样本标准偏差
		$\sum X^2$	X 的平方和
		$\sum X$	X 的和
		n	数据项目数
		$t($	计算 t-检验值时使用
RESULTS	Deviation		
统计结果		$\overline{X}$	X 的平均值
		$X\sigma_n$	X 的密度标准偏差
		$X\sigma_{n-1}$	X 的样本标准偏差

1)两点测角前方交会坐标计算

源程序

F1 A6

L1 ABCDEF

L2 X“XP” = (A/tan F + C/tan E − B + D)/(1/tan E + 1/tan F) ◢

L3 Y“YP” = (B/tan F + D/tan E − C + A)/(1/tan E + 1/tan F) ◢

说明:

E——1#点的观测角;

F——2#点的观测角。

1#和2#点编号时应注意:面向交会点 *P* 的左侧定为1#点,右侧定为2#点。

2)缓和曲线曲线要素

(for CASIO fx-4800P)

程序步骤:

B = 0°1718.87′ * L/R ◢

X = L − L^3/40/ R2 ◢

Y = L2/6/ R ◢

P = Y − R(1 − cos B ◢

Q = X − Rsin B ◢

T = (R + P)tan(A/2) + Q ◢

E = (R + P)(cos(A/2)) −1 − R ◢

Z = R(A − 2B)л/180 + 2L ◢

J = 2T − Z ◢

D = X − Y/tan B

操作过程:

HQQXYS→EXE→输入 L 值(即缓和曲线总长)→EXE→输入 R 值(即圆曲线半径)→EXE→得 β 角度→EXE→得 Xh 值→EXE→得 Yh 值→EXE→得 P 值→EXE→得 Q 值→EXE→输入 A 角(例 125°31′23.25″)→EXE→得 T 值→EXE→得 E 值→EXE→得 Z 值→EXE→得 J 值→EXE→得 D 值。

注:此程序可循环计算。

3）线路中、边桩测量放样程序

(for CASIO fx-4800P)

F1 XLCS（主程序）

L1 Norm:Deg:U = O" A0" :Prog "1" :Q = U:C" X – JD" :D" Y – JD" :U = A" A:R + L – " :
Prog "1" :B = Abs U:R:S" L0" :E" K – ZH"

L2 Fix 3:M = .5S – S^3 ÷ 240R2:P = S2 ÷ 24R:T" T" = (R + P) tan.5B + M ◢ F" L" =
πRB ÷ 180 + S ◢ F = F + E:I = 0:J = 0:Norm

L3 K" ZJ:XY = >1" :K≠1 = >I = L" K" :U = 0:Prog "4" : G = X:H = Y: ≠ >G" X" :H"
Y" ◣ {K}:

K" HS:XY = >1" :K = 1 = >X = V" X" :Y = W" Y" : ≠ >I = W" K" :U = 0:Prog "4" ◣
Fix 3

L4 Pol(X – G,Y – H:I" D0" = I ◢ Fix 4:N = J:J <0 = >J = J + 360 ◣ Prog "2" :J" A0" =
J ◢ Norm:

U = 0:{U}:U" AB" :Prog "1" :K = U

L5 Lbl 0:U = 0:{U}:U" CS: XY = >1" :U = 0 = >{UZ}:I = Z" K" :U" BZ:R + L – " :A
<0 = >U = – U ◣ Prog "4" : ≠ >{XY}:X:Y ◣ Prog "5" : Prog "6" :Goto 0

F2 1（十进制→六十进制子程序）

L1 U = Int U + Frac U ÷ .6 + Frac 100U ÷ 90

F3 2（六十进制→十进制子程序）

L1 60Frac J:J = Int J + .01Int Ans + .006Frac Ans

F4 3（缓和曲线上任意点坐标计算子程序）

L1 Y = RS:X = I – I^5 ÷ 40Y2:Y = I^3(1 – I^4 ÷ 56Y2) ÷ 6Y + URec(1,90I2 ÷ π
Y:X = X – UJ

F5 4（中桩、边桩坐标计算子程序）

L1 I > F = >X = T – U sin B + Rec(I – F + T,B:Y = J + U cos B:Goto 0 ◣

L2 I > F – S = >I = F – I:Prog "3" : Rec(1,B:U = X:X = T + TI – XI – YJ:Y = TJ –
UJ + YI:Goto 0 ◣

L3 I > E + S = >Y = P + R – Rec(R – U,180(I – E – .5S) ÷ πR:X = M + J:Goto 0 ◣

L4 I > E = >I = I – E:Prog "3" : ≠ >X = I – E:Y = U ◣

L5 Lbl 0: A <0 = >Y = – Y ◣ Rec(1,Q:U = X:X = C – TI + XI – YJ:Y = D – TJ + UJ + YI

F6 5（测设数据输出子程序）

L1 Pol(X – G,Y – H:J = J – N:J <0 = >J = J + 360 ◣ J = K + J:J≥360 = >J = J – 360 ◣

Fix 4:Prog "2":J"AC" =J ◢ Fix 3:I"DC" =I ◢ Norm

F7 6（测设时移桩数据计算子程序）

L1 Lbl 0:Norm:L =0:J =0

L2 Lbl 1:U =0:{U}:U"SC":U≠0 = >J =J +U:L =L +1:Goto 1 ◣ J≠0 = > {U}:U"V":

Prog "1":Fix 3:J"SD" =J ÷L ×sin U ◢ J"MOVE" =I -J ◢ Goto 0 ◣

程序说明：

①本程序特点：可置镜任意点放样任意点（中桩点、边桩点、导线点）；人性化设计，提示信息全面，并充分考虑工程术语和习惯；专门设计的角度输入输出方式；绝对优秀的存储器分配方案。

②本程序适用于放射螺旋线作为缓和曲线，且前、后缓和曲线长度相同的单曲线放样，可放样线路中桩和边桩，按里程和坐标放样均可。

③角度输入（出）方式：度.分秒，如56°3′19″输入（出）为56.0319。注意：分、秒必须为两位数，当小于10时，应在前面加“0”。

④放样前应准备的数据：建立统一的施工坐标系（正测量坐标系、右手坐标系），计算控制点和曲线交点坐标、曲线第一切线方位角；整理曲线要素和放样点桩号、相应的边桩距离（或放样点坐标）。

⑤若按坐标放样，则当程序提示输入曲线要素时，可输入任意值，仅在提示输入置镜点、后视点和放样点属性时输入“1”，然后输入相应坐标值。

⑥如果要实时显示放样点的坐标，可在子程序F6行L1的“Fix 4:”后增加以下语句（双引号内）：“X ◢ Y ◢”或者“X"X" =X ◢ Y"Y" =Y ◢”。

⑦子程序F1行L4中“:U =0:{U}:U"AB":Prog 1:K =U”（输入仪器后视读数）和行L5中“Prog 6:”（调用移桩计算子程序）、子程序F6行L1中“W =K +W:W≥360 = >W =W -360 ◣”（计算仪器前视读数，必须与前述“输入仪器后视读数”同时取舍）、子程序F8（移桩计算子程序）可根据需要取舍。

4）视距测量计算程序

F8 SJCL（主程序，步数75）

L1 Lbl 0:Norm:{SAV}:I:S:U =A"AV":V:Prog 1:K =1:U >180 = >K = -1 ◣

Fix 3:D"D" =

S(sin U)2 ◢ H"H" =KD/tan U +I -V ◢ Goto 0

符号说明："I"——仪器高，"S"——斜距，"AV"——竖直角（指“天顶距”），"V"——目标高，"D"——平距，"H"——高差。本程序需调用“十进制→六十进制子程序”。

5）极坐标计算程序

F1 JZB（主程序，步数 112）

L1 Lbl 0：Norm：{NGHXY}：N"POL = >0"

L2 N =0 = >K =0：G"X1"：H"Y1"：X"X2"：Y"Y2"：Prog 5：≠ >

G"X0"：H"Y0"：U = X"A"：

Y"S"：Prog 1：Fix 4：V"X" = G + Rec（Y，U ◢ W"Y" = H + W ◢ Goto 0）

符号说明："POL = >0"——由直角坐标反算极坐标时输入“1”，由极坐标计算直角坐标时输入其他任意值；"X1"、"Y1"、"X2"、"Y2"——起终点直角坐标；"X0"、"Y0"——起算点直角坐标；"A"、"S"——方位角和极距。

本程序需调用“十进制→六十进制子程序”、“测设数据输出子程序”。

附录 5　工程测量常用测设觇标及标志

1）高程控制点标志、标石

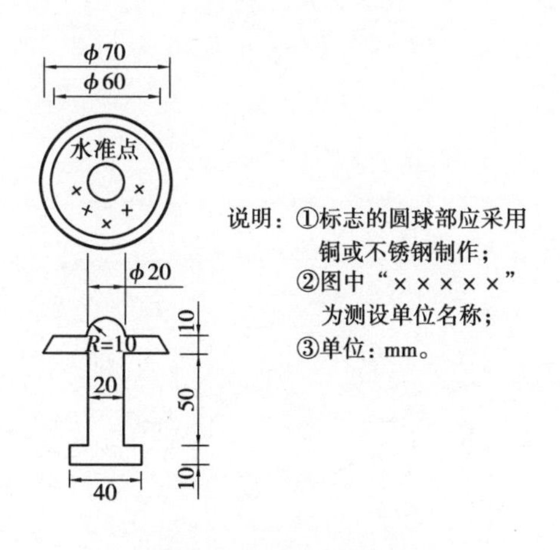

附图 1　金属标志构造

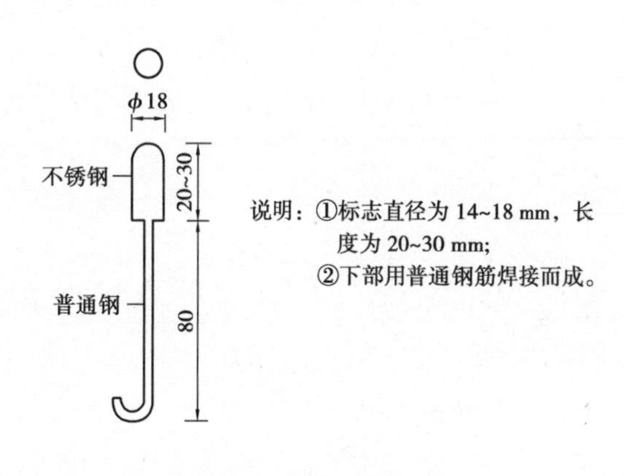

附图 2　不锈钢标志构造

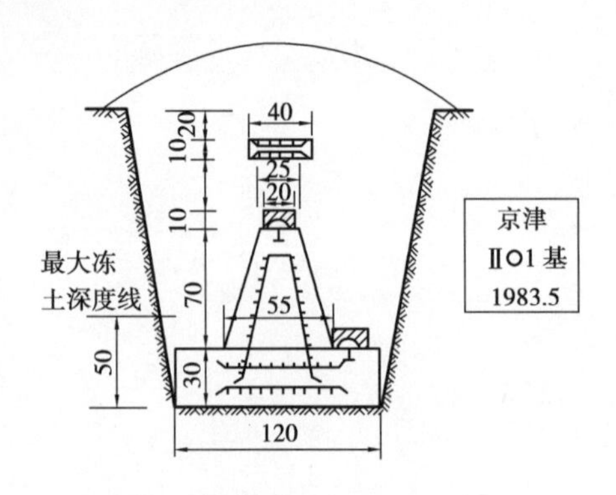

附图3　混凝土基本水准标石构造

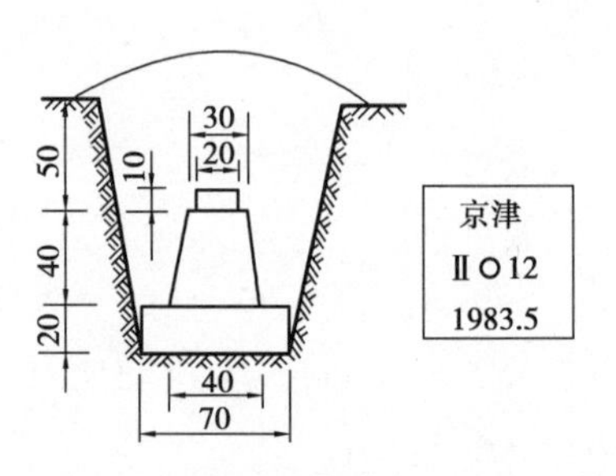

附图4　混凝土普通水准标石埋设构造

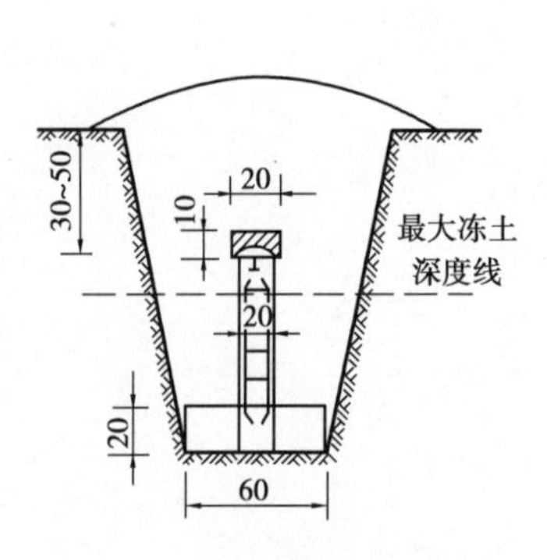

附图5　冻土地区标石构造

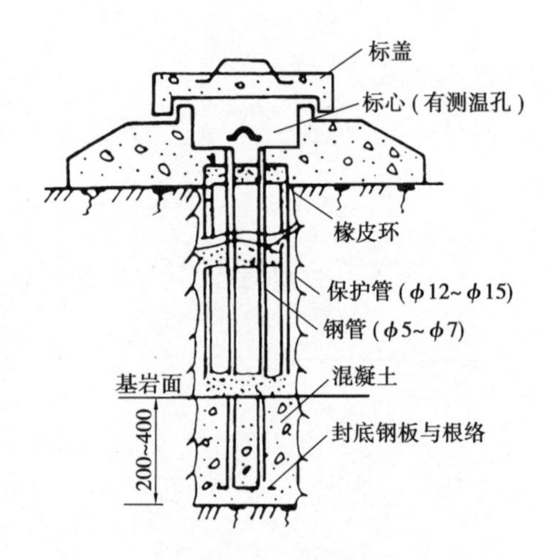

附图6　深埋水准点测温钢管标志构造

(单位:mm)

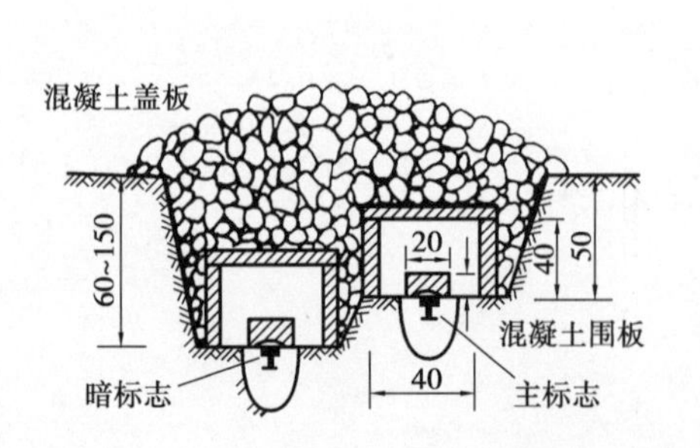

附图7　岩层区基本水准标石构造

(单位:mm)

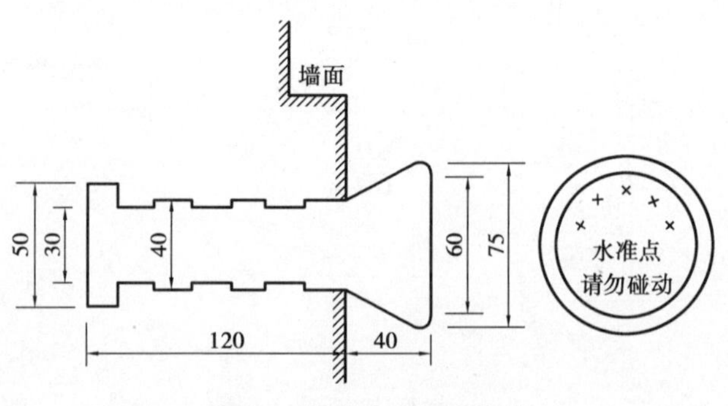

附图8　墙脚水准标志构造

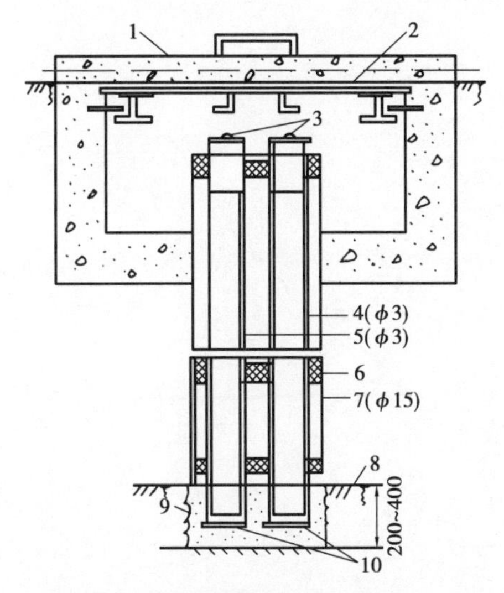

附图 9　深埋水准点双金属标(单位:mm)

1—钢筋混凝土标盖;2—钢板标盖;3—标心;4—钢心管;5—铝心管;6—橡胶环;7—钻孔保护管;8—新鲜基岩面;9—20 号砂浆;10—心管底板和根络

2)平面控制觇标

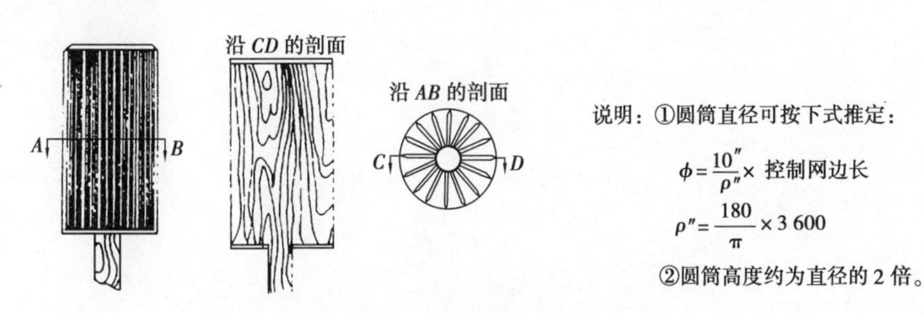

附图 10　微相位差照准圆筒结构

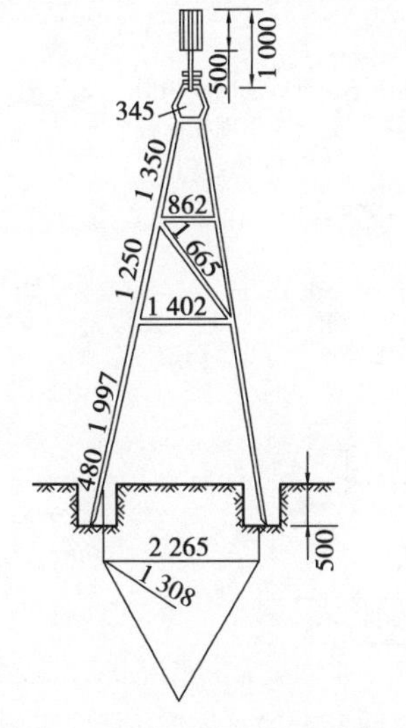

附图 11　4.5 m 钢寻常标觇标(单位:mm)

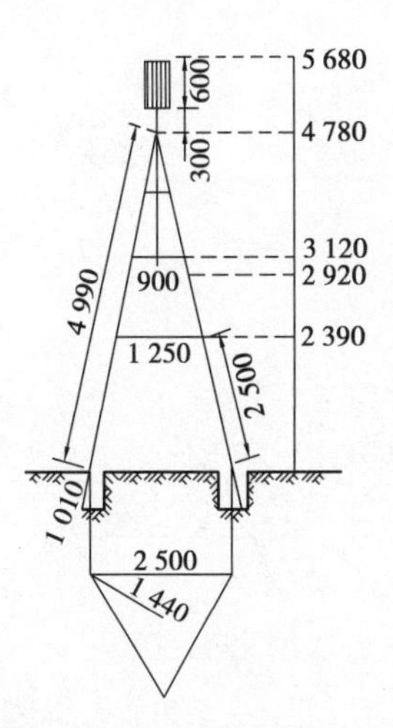

附图 12　木质寻常标觇标(单位:mm)

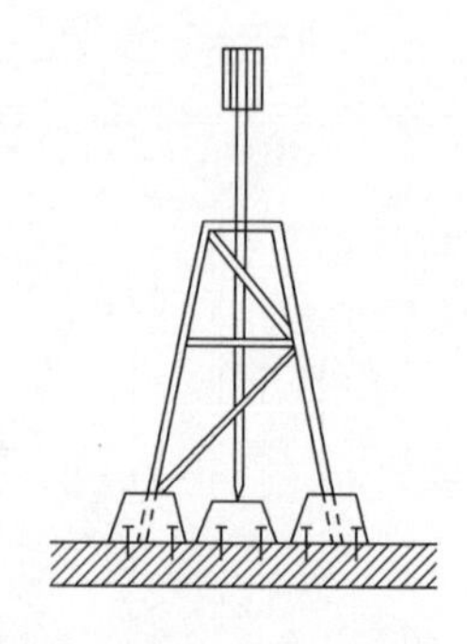

附图 13　屋顶标(或仪器台)觇标

3)平面控制点标志、标石

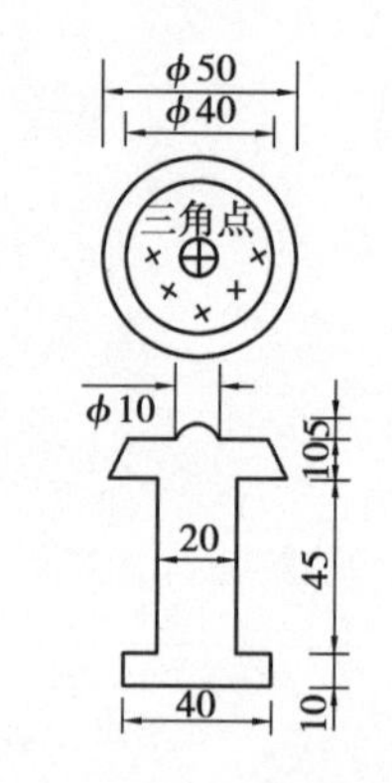

说明:①材料为铸铁或其他金属;
②图中“×××××”为测量单位名称;
③单位:mm。

附图 14　金属标志构造

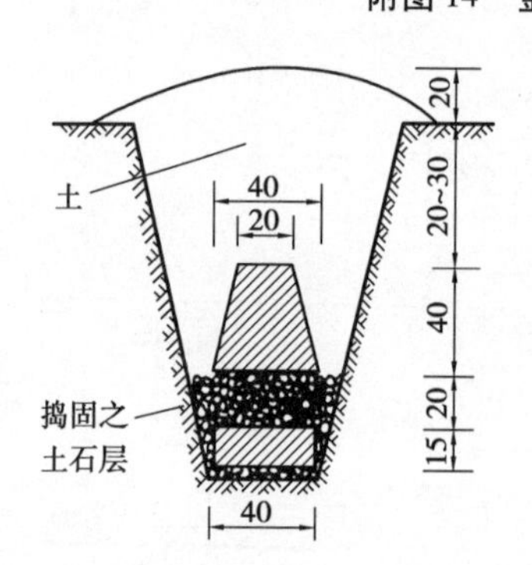

说明:①金属或不锈钢标志嵌于顶面中央;
②若用不锈钢标志,则在标石顶压印“三角点”和测量单位名称;
③单位:mm。

附图 15　混凝土标石构造

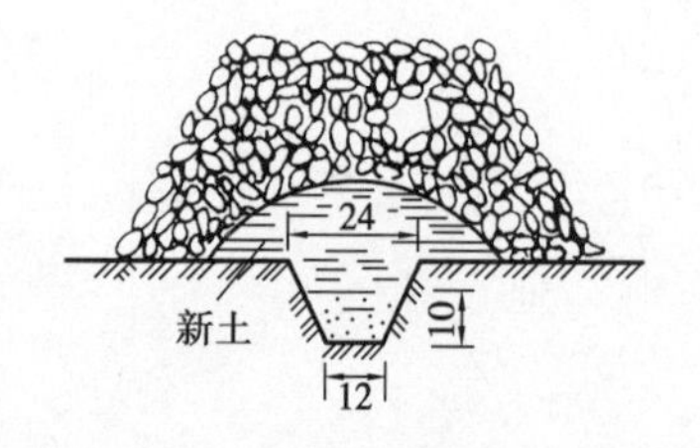

附图 16　岩石地区标石构造(单位:mm)

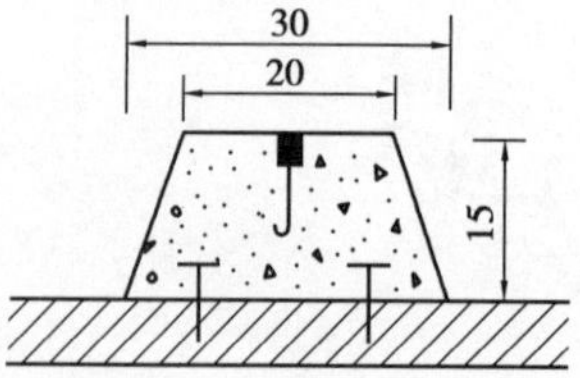

30
20
15

说明:①标石应和建筑物顶面牢固连接;
②单位:mm。

附图 17　建筑物上标石构造

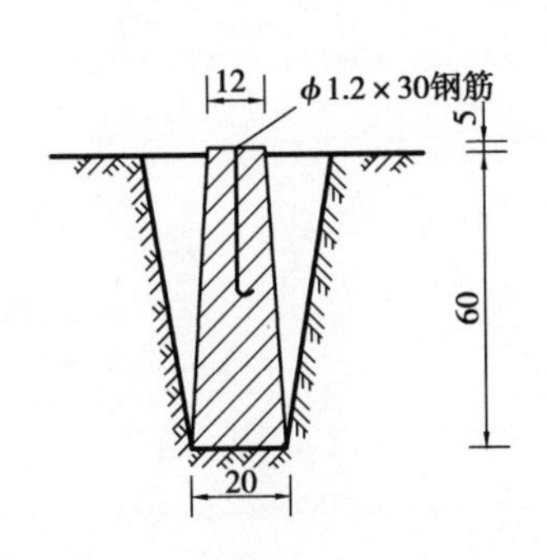

附图 18　一、二级小三角点标石构造
（单位：mm）

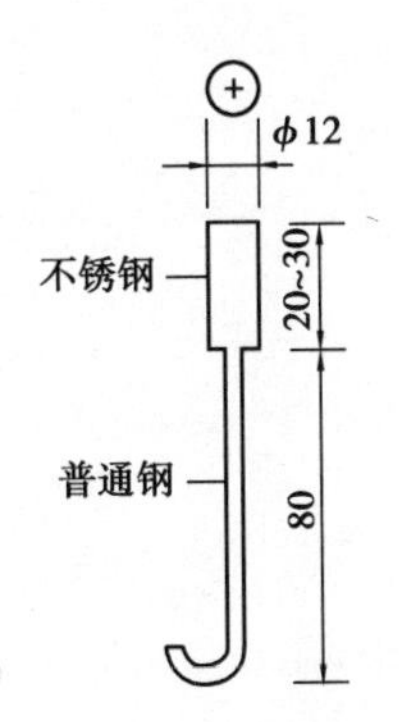

附图 19　不锈钢标志构造

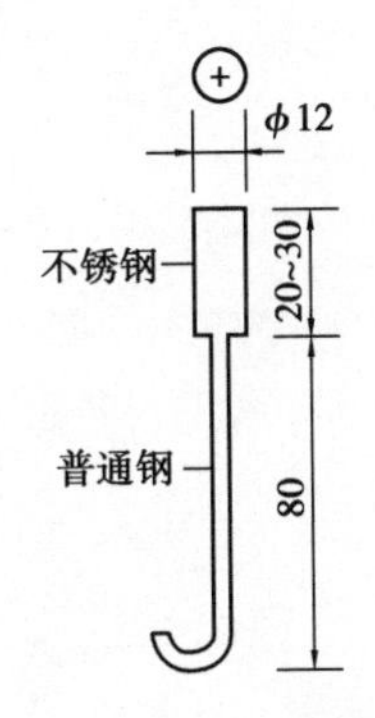

附图 20　不锈钢标志构造

4）GPS 标石

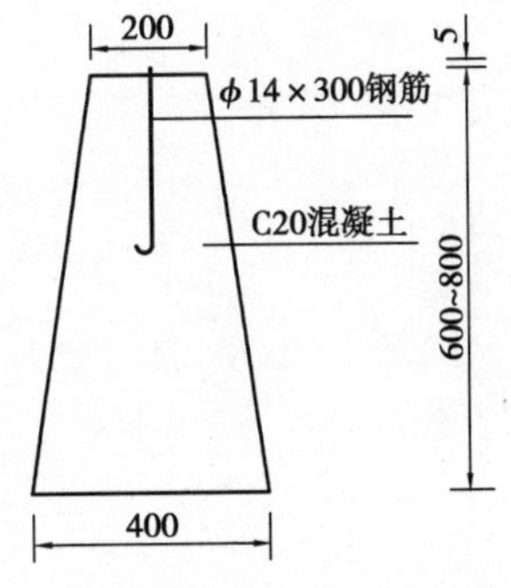

附图 21　一、二级 GPS 点标石构造

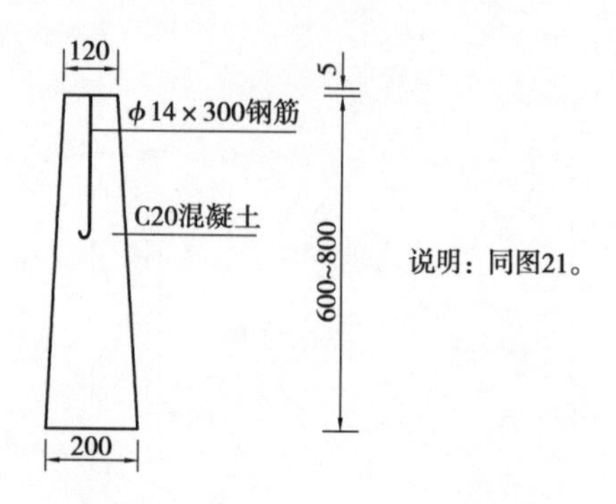

附图 22　三、四级 GPS 点标石构造

5）公路桩志

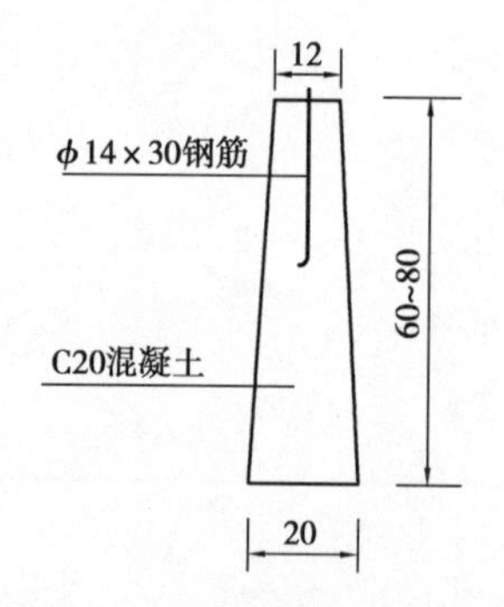

平面控制测量的GPS点、三角点、导线点、隧道控制桩、互通式立体交叉控制桩

说明：①冻土地区，尺寸可加长并埋深；
②四等以上控制点，尺寸可适当加大；
③三级导线，可自行设计；
④单位：mm。

附图 23　主要控制桩

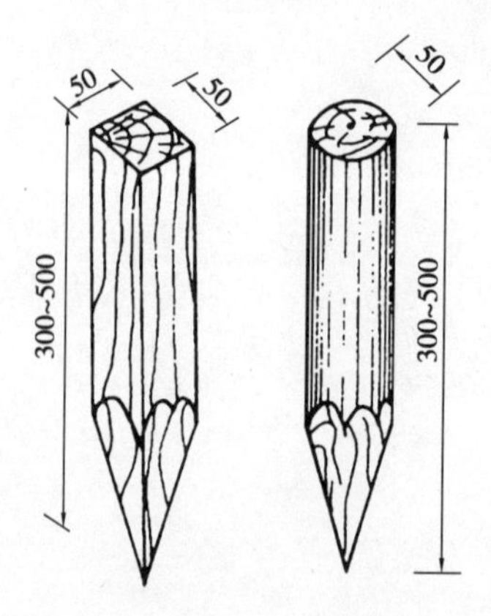

交点桩、转点桩、路线起（终）点桩及其他控制点桩

附图 24　一般控制桩（单位：mm）

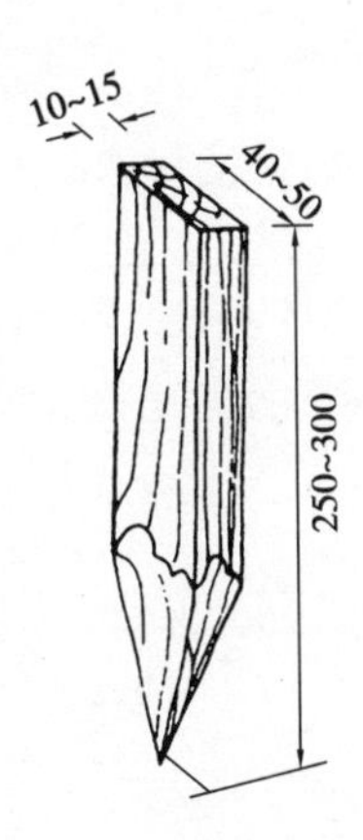

附图 25　标志桩(单位:mm)

附录 6　路线测设的有关规定

附表 19　平面控制测量等级

等　级	公路路线控制测量	桥梁桥位控制测量	隧道洞外控制测量
二等三角		>5 000 m 特大桥	>6 000 m 特长隧道
三等三角、导线		2 000 ~ 5 000 m 特大桥	4 000 ~ 6 000 m 特长隧道
四等三角、导线		1 000 ~ 2 000 m 特大桥	2 000 ~ 4 000 m 特长隧道
一级小三角、导线	高速公路、 一级公路	500 ~ 1 000 m 特大桥	1 000 ~ 2 000 m 特长隧道
二级小三角、导线	二级及二级 以下公路	<500 m 大中桥	<1 000 m 特长隧道

附表 20　三角测量的技术要求

等　级	平均边长/km	测角中误差/(″)	起始边边长相对中误差	最弱边边长相对中误差	三角形闭合差/(″)
二　等	3.0	±1.0	1/250 000	1/120 000	±3.5
三　等	2.0	±1.8	1/150 000	1/70 000	±7.0
四　等	1.0	±2.5	1/100 000	1/40 000	±9.0
一级小三角	0.5	±5.0	1/40 000	1/20 000	±15.0
二级小三角	0.3	±10.0	1/20 000	1/10 000	±30.0

附表 21　三边测量的技术要求

等　级	平均边长/km	起始边边长相对中误差
二　等	3.0	1/250 000
三　等	2.0	1/150 000
四　等	1.0	1/100 000
一级小三角	0.5	1/40 000
二级小三角	0.3	1/20 000

附表 22　导线测量的技术要求

等　级	附合导线长度/km	平均边长/km	每边测距中误差/mm	测角中误差/(″)	导线全长相对闭合差	方位角闭合差/(″)
三　等	30	2.0	13	1.8	1/55 000	±3.6
四　等	20	1.0	13	2.5	1/35 000	±5
一　级	10	0.5	17	5.0	1/15 000	±10
二　级	6	0.3	30	8.0	1/10 000	±16
三　级				20	1/2 000	±30

附表 23　桥轴线相对中误差

测量等级	桥轴线相对中误差
二　等	1/130 000
三　等	1/70 000
四　等	1/40 000
一　级	1/20 000
二　级	1/10 000

附表 24　中线量距精度和中桩中位限差

公路等级	距离限差	桩位纵向误差/m		桩位横向误差/m	
		平原微丘区	山岭重丘区	微丘区	山岭重丘区
高速公路 一级公路	1/2 000	S/2 000 +0.05	S/2 000 +0.1	5	10
二级及 以下公路	1/1 000	S/1 000 +0.10	S/1 000 +0.1	10	15

附表 25　曲线测量闭合差

公路等级	曲线偏角 闭合差/(″)	桩位纵向误差/m		桩位横向误差/m	
		平原微丘区	山岭重丘区	平原微丘区	山岭重丘区
高速公路 一级公路	60	1/2 000	1/1 000	10	10
二级及 以下公路	120	1/100	1/500	10	15

附表 26　横断面检测限差　　单位:m

公路等级	距　离	高　程
高速公路 一级公路	$\pm(L/100+0.1)$	$\pm(h/100+L/200+0.1)$
二级及 以下公路	$\pm(L/50+0.1)$	$\pm(h/50+L/100+0.1)$

注:L——测点直中桩的水平距离,m;h——测点直中桩的高差,m。

附表 27　公路及构造物水准测量等级

测量项目	等　级	水准路线最大长度/km
4 000 m 以上特长隧道、2 000 m 以上特大桥	三　等	50
高速公路、一级公路、1 000 ~2 000 m 特大桥、2 000 ~4 000 m 长隧道	四　等	16
二级及以下公路、1 000 m 以下桥梁、2 000 m 以下隧道	五　等	10

附表 28 内业计算数字取位

等 级	观测方向值及各项改正数/(″)	边长观测值及各项改正数/m	边长与坐标/m	方位角/(″)
四等及以上	0.1	0.001	0.001	0.1
一级及以下	1	0.001	0.001	1

附表 29 水准测量的精度

等 级	检测已测段高差之差/mm	每公里高差中数中误差/mm		往返较差、符合或环线闭合差/mm	
		偶然中误差 M_Δ	全中误差 M_w	微丘区	重丘区
三 等	±20	±3	±6	±12	$\pm 3.5\sqrt{n}$或 ±15
四 等	±30	±5	±10	±20	$\pm 6.0\sqrt{n}$或 ±25
五 等	±40	±8	±16	±30	±45

附表 30 超高渐变率

计算行车速度/$(km \cdot h^{-1})$	超高旋转轴位置	
	中 线	边 线
120	1/250	1/200
100	1/225	1/175
80	1/200	1/150
60	1/175	1/125
40	1/150	1/100
30	1/125	1/75
20	1/100	1/50

附表 31 定点技术要求

项 目	技术要求
交点或转点距离	一般控制在 50 ~ 500 m
正倒镜点位横向偏差	每 100 m 不应大于 5 mm; 当点间距离大于 400 m 时,最大点位差不应大于 20 mm; 二级及二级以下公路点位差值可放至 2 倍

附表 32 中桩间距要求

直线/m		曲线/m			
平原微丘区	山岭重丘区	不设超高曲线	$R>60$	$30<R<60$	$R<30$
≤50	≤25	25	20	10	5

附表 33　高程测量技术要求

项　目		技术要求
水准点距定测中线距离		应为 50 ~ 200 m
中桩高程起闭于水准点允许误差	高速公路、一级公路	±30 mm
	二级及二级以下公路	±50 mm
中桩高程检测限差	高速公路、一级公路	±5 cm
	二级及二级以下公路	±10 cm

附表 34　施工测量人员配备参考表

组　别	技术人员	测　工	合　计
选线组	2 ~ 3	2 ~ 4	4 ~ 7
测角组	2	2 ~ 3	4 ~ 5
中桩组	2	2 ~ 3	4 ~ 5
水平组	2	4	6
横断面	2	1	4 ~ 6
地形组	2 ~ 3	1	3 ~ 4
地质组	2 ~ 3	1	3 ~ 4
桥涵组	2 ~ 3	1	3 ~ 4
内业组	2 ~ 3	1	3 ~ 4
调查组	2 ~ 3		2 ~ 3
	20 ~ 26	16 ~ 22	36 ~ 48

附表 35　桥位三角网主要技术要求

等　级	桥位轴线桩间距离/m	桥轴线边长中误差/cm	三角形最大闭合差	测角中误差
二　等	>5 000	±7	±5″	±1.0″
三　等	2 000 ~ 5 000	±7	±7″	±1.8″
四　等	1 000 ~ 2 000	±5	±9″	±2.5″
五　等	500 ~ 1 000	±5	±15″	±5.0″
六　等	200 ~ 500	±5	±30″	±10.0″
七　等	<200	±4	±60″	±20.0″

参考文献

[1] 曹智翔，邓明镜，等. 交通土建工程测量[M]. 成都：西南交通大学出版社，2008.

[2] 覃辉，叶海青. 土木工程测量[M]. 上海：同济大学出版社，2006.